Markus Unger

Fredo 1

Mathematik

Arbeitsheft mit interaktiven Übungen

Allgemeine Ausgabe

Erarbeitet von
Mechtilde Balins
Rita Dürr
Nicole Franzen-Stephan
Petra Gerstner
Ute Plötzer
Anne Strothmann
Margot Torke
Lilo Verboom

Illustriert von
Cleo-Petra Kurze
Martina Theisen

W0296429

Deine **interaktiven Online-Übungen** findest du hier:

1. Melde dich auf scook.de an.
2. Gib den unten stehenden Zugangscode in die Box ein.
3. Hab viel Spaß mit deinen Online-Übungen.

Dein Zugangscode auf
www.scook.de

Die Online-Übungen können dort nach Bestätigung der Allgemeinen Geschäftsbedingungen genutzt werden.

a7tt8-x6v68

Oldenbourg Schulbuchverlag, München

Inhaltsverzeichnis

Erläuterung der farbigen Überschriften auf den Arbeitsheftseiten:

Zahlen | Rechnen | Geometrie | Sachrechnen | Daten

Meine Zahlen

SB S. 4, 5

Fredo 1 Mathematik – Arbeitsheft © 2015 Cornelsen Schulverlage GmbH, Berlin

Bei Fredo zu Hause

SB S. 6, 7

1 Kreise ein: links vom 

Kreise ein: rechts vom 

Kreise ein: vor dem 

Kreise ein: hinter dem 

2 Kreise ein:  auf der   unter der 

Fredo 1 Mathematik – Arbeitsheft © 2015 Cornelsen Schulverlage GmbH, Berlin

Unsere Klasse

SB S. 8, 9

1 Wie viele sind es?

	||

2 Was gibt es in deinem Zimmer? Zähle.

Fredo 1 Mathematik – Arbeitsheft © 2015 Cornelsen Schulverlage GmbH, Berlin

SB S. 10, 11

1 Verbinde.

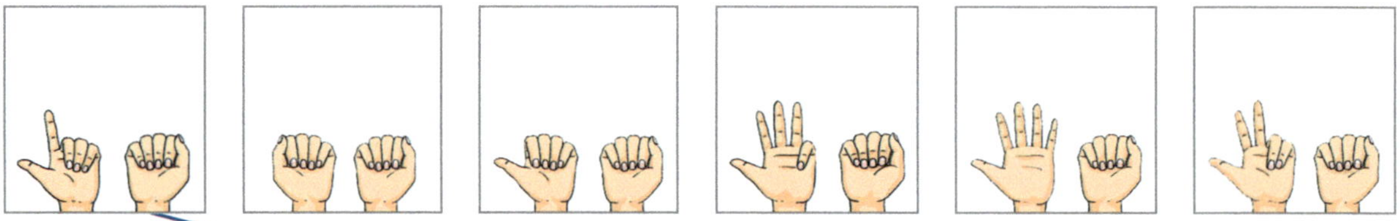

0 1 2 3 4 5

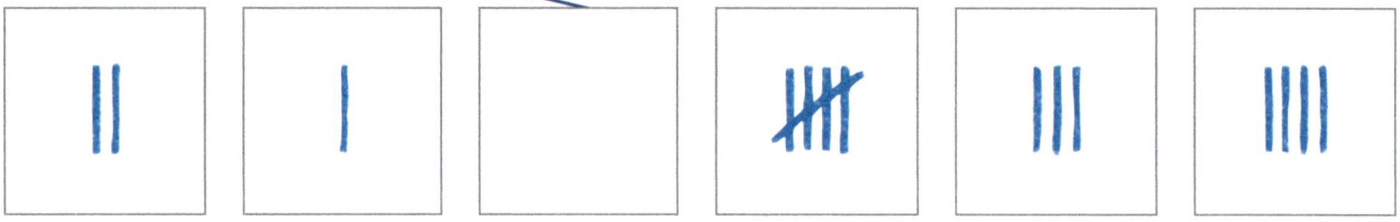

2 Male.

1

2

3

4

5

Fredo 1 Mathematik – Arbeitsheft © 2015 Cornelsen Schulverlage GmbH, Berlin

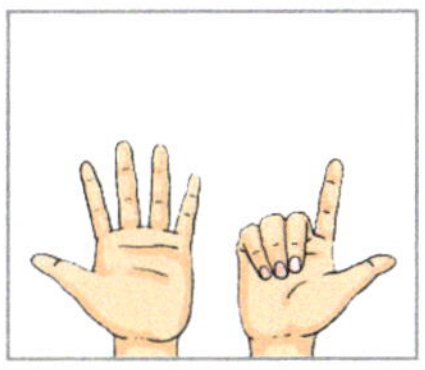 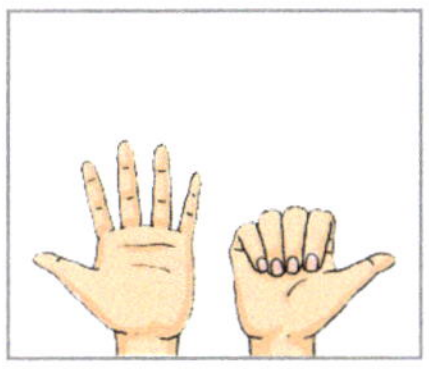 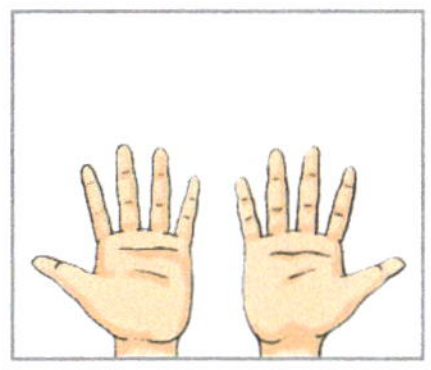 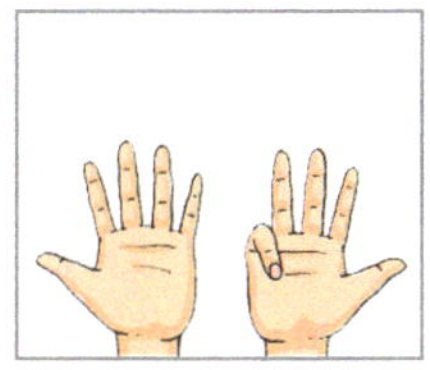 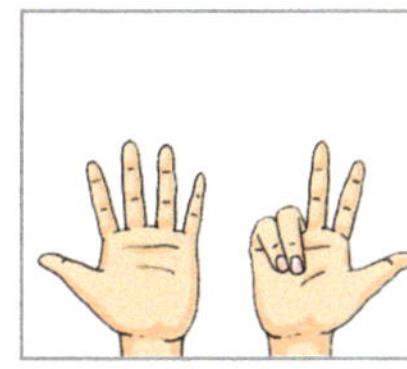

6	7	8	9	10

6

7

8

9

10

Fredo 1 Mathematik – Arbeitsheft © 2015 Cornelsen Schulverlage GmbH, Berlin

Musterschlangen

SB S. 15

1 Setze fort.

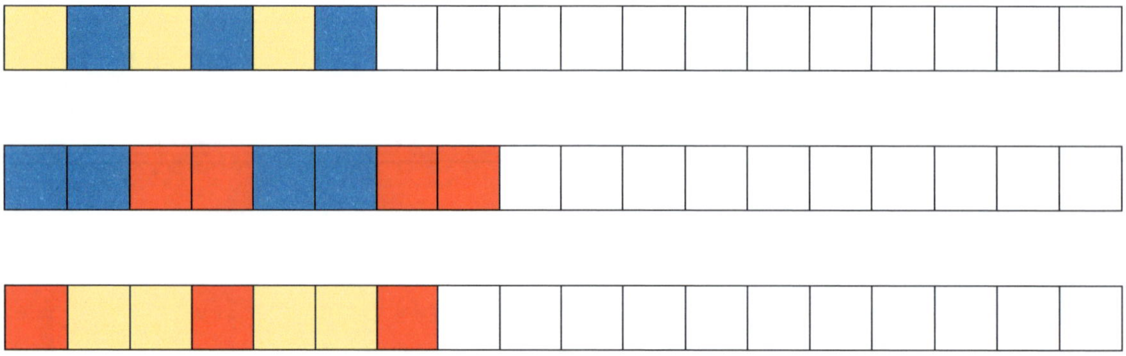

2 Setze fort.

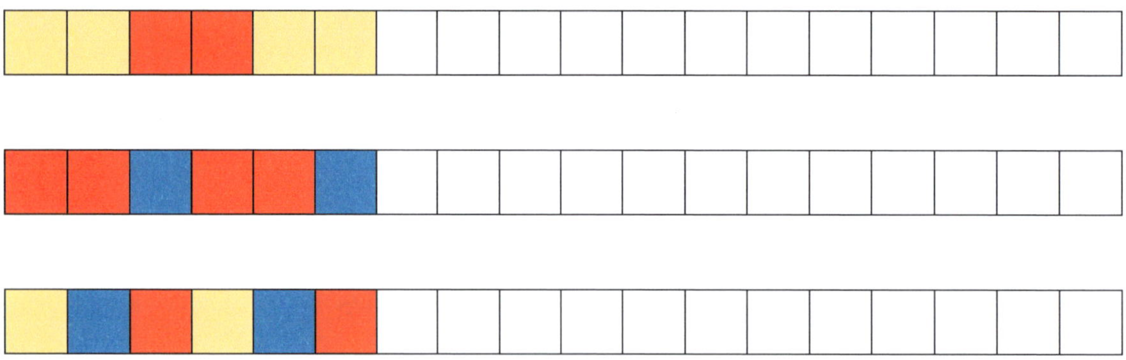

3 Setze fort.

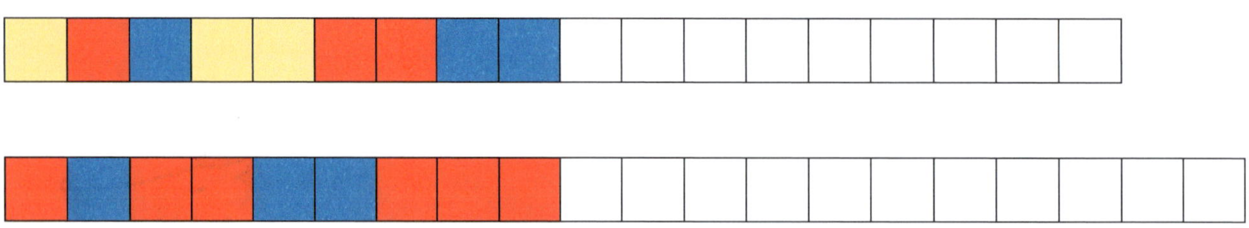

4 Denke dir ein Muster aus.

Fredo 1 Mathematik – Arbeitsheft © 2015 Cornelsen Schulverlage GmbH, Berlin

Mit Würfeln legen und Pläne zeichnen SB S. 16, 17

1 Zeichne Pläne.

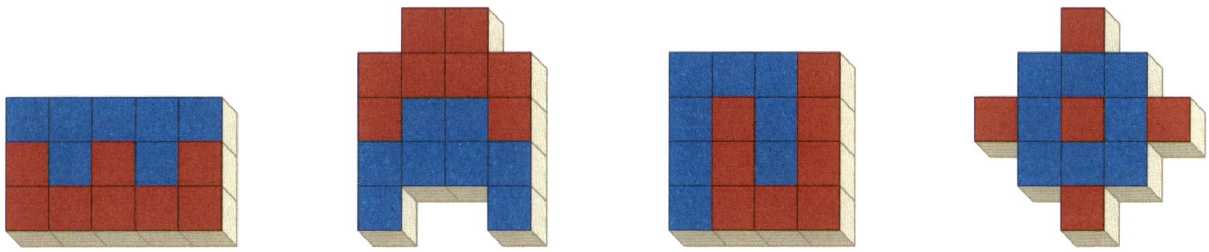

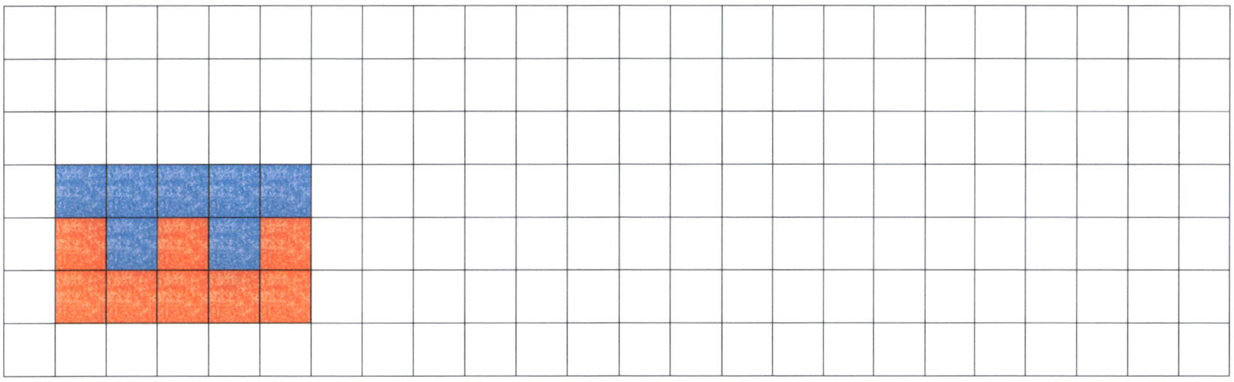

2 Lege Figuren mit deinen Würfeln. Zeichne Pläne.

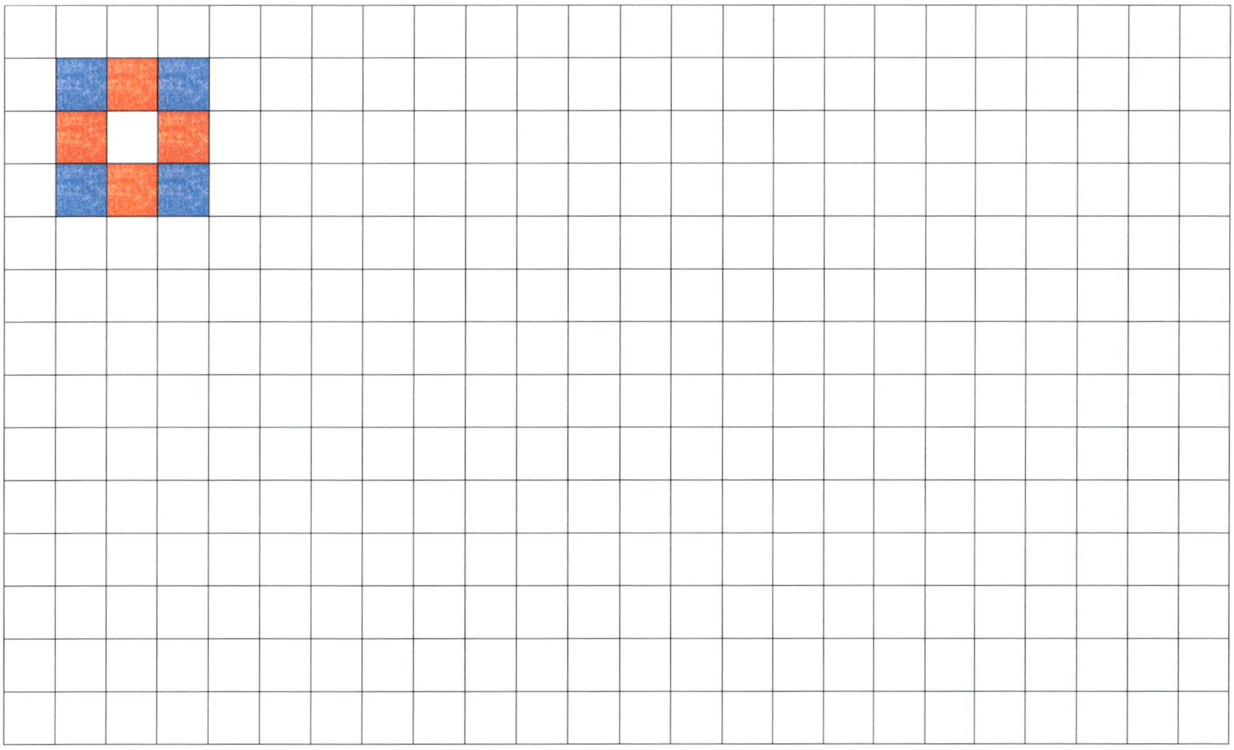

Fredo 1 Mathematik – Arbeitsheft © 2015 Cornelsen Schulverlage GmbH, Berlin

Genug? Nicht genug?

SB S. 18, 19

Nicht genug. Male dazu.

1

2

3

4

Fredo 1 Mathematik – Arbeitsheft © 2015 Cornelsen Schulverlage GmbH, Berlin

5

6

7

8

Fredo 1 Mathematik – Arbeitsheft © 2015 Cornelsen Schulverlage GmbH, Berlin

Wie viele Würfel mehr?

SB S. 20, 21

1 Wie viele Würfel mehr? Kreise ein und schreibe auf.

2 Wie viele Würfel mehr? Male an und kreise ein.

3 Was hat Justus gewürfelt? Male an.

Fredo 1 Mathematik – Arbeitsheft © 2015 Cornelsen Schulverlage GmbH, Berlin

Kannst du das? 1

1 Zählen

2 Muster fortsetzen

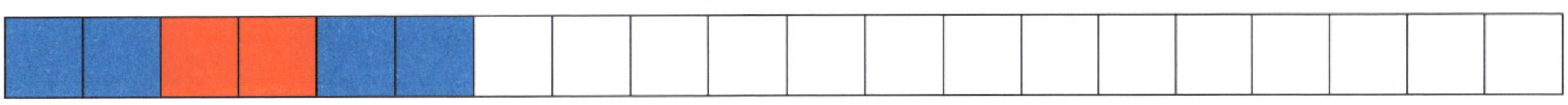

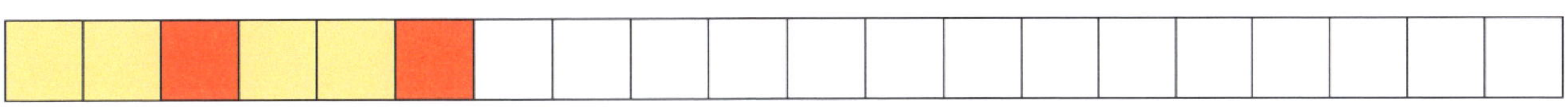

3 Anzahlen vergleichen
Nicht genug. Male dazu.

Fredo 1 Mathematik – Arbeitsheft © 2015 Cornelsen Schulverlage GmbH, Berlin

Zahlen am Zehnerfeld

SB S. 23

1

1 3 5

7 9 10

8 6 4 2

2 Wie viele sind es?

3 ← 1 weniger — 4 — 1 mehr →

← 1 weniger — 5 — 1 mehr →

← 1 weniger — 7 — 1 mehr →

3 Wie viele sind es?

← 2 weniger — 6 — 2 mehr →

← 2 weniger — 10 — 2 mehr →

Fredo 1 Mathematik – Arbeitsheft © 2015 Cornelsen Schulverlage GmbH, Berlin

1 Trage die Nachbarzahl ein.

→		→		←		←	
2		6			2		6
3		7			3		7
4		8			4		8
5		9			5		10

2 Trage die Nachbarzahlen ein.

	4			8		6		8
	9			5		3		5
	7			3		1		3
	6			6		8		10

3 Wie geht es weiter?

5		7					8
3							6
4							9
6							5

4 2 vor ← → 2 nach

2	4	
	9	
	2	
	8	

Fredo 1 Mathematik – Arbeitsheft © 2015 Cornelsen Schulverlage GmbH, Berlin

SB S. 26, 27

1

ist kleiner als	<	<	<									
ist gleich	=	=	=									
ist größer als	>	>	>									

2 Welche Zahl ist größer?

(5) 4 | 3 1 | 2 5 | 3 4

1 2 | 6 4 | 5 2 | 5 6

3 Vergleiche: (<), (=), (>)

3 ◯ 4	5 ◯ 5	7 ◯ 4	2 ◯ 1
8 ◯ 9	2 ◯ 4	1 ◯ 5	3 ◯ 2
1 ◯ 1	6 ◯ 3	8 ◯ 5	7 ◯ 6

4 Male die passenden Zahlen an.

6 (>) 4 5 6 7 | 3 (<) 2 3 4 5

4 (>) 2 3 4 5 | 5 (<) 5 6 7 8

5 Welche Zahlen könnten passen? Trage ein.

? < 7	? < 5	? > 4	? > 6
6, 5,			

Fredo 1 Mathematik – Arbeitsheft © 2015 Cornelsen Schulverlage GmbH, Berlin

SB S. 32, 33

1 Wie viele fehlen?

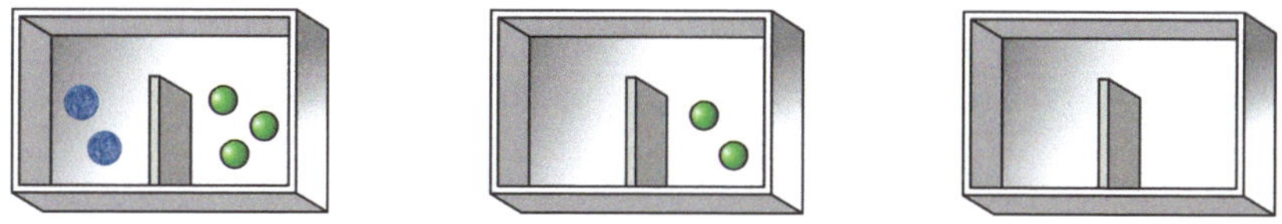

2 + 3   __ + 2   __ + 0

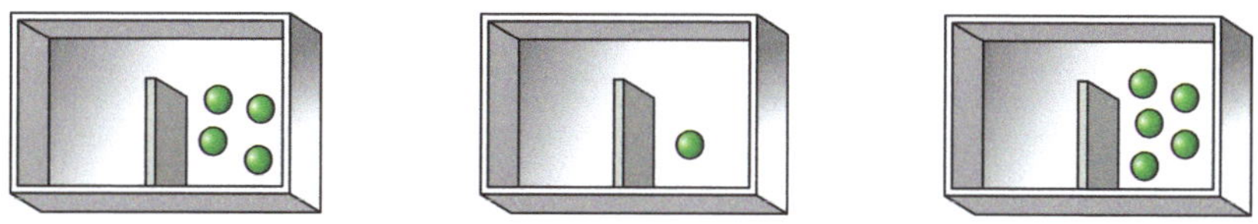

__ + 4   __ + 1   __ + 5

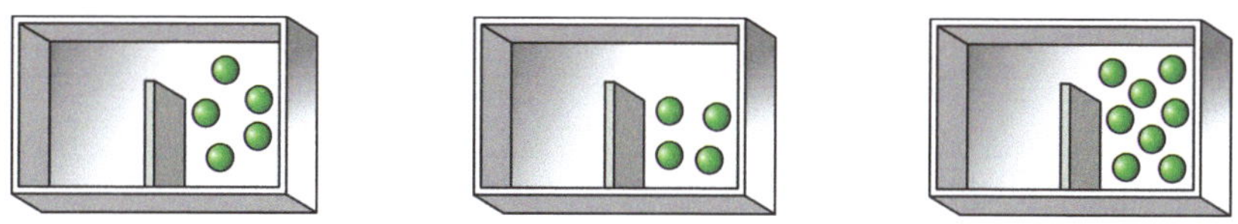

__ + 5   __ + 4   __ + 8

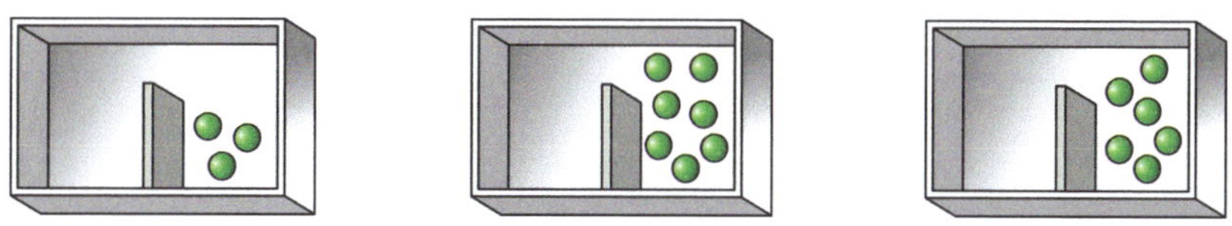

__ + __   __ + __   __ + __

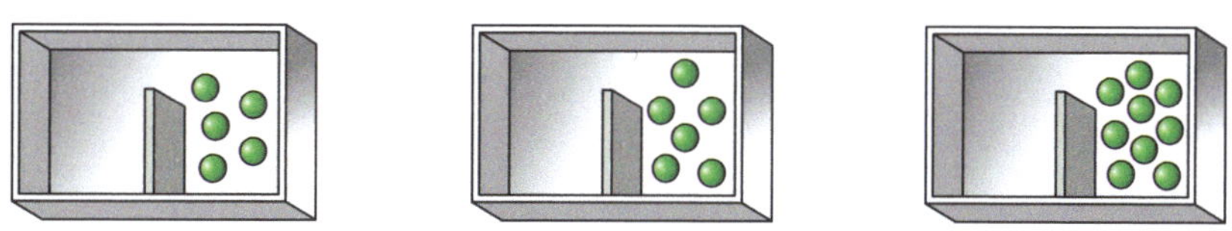

__ + 5   __ + 6   __ + 9

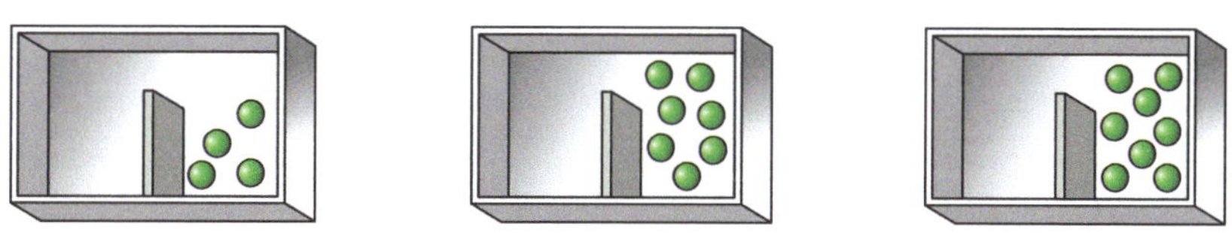

__ + __   __ + __   __ + __

Fredo 1 Mathematik – Arbeitsheft © 2015 Cornelsen Schulverlage GmbH, Berlin

2 Finde verschiedene Möglichkeiten.

9 + __   __ + 6   2 + __

__ + 8   __ + __   __ + __

SB S. 34, 35

1 Finde alle Aufgaben und schreibe sie auf.

(5)

___ + ___
___ + ___
___ + ___
___ + ___
___ + ___
___ + ___

(6)

___ + ___
___ + ___
___ + ___
___ + ___
___ + ___
___ + ___
___ + ___

(10)

___ + ___
___ + ___
___ + ___
___ + ___
___ + ___
___ + ___
___ + ___
___ + ___
___ + ___
___ + ___
___ + ___

2 Finde alle Aufgaben und schreibe sie auf.

(9)

___ + ___
___ + ___
___ + ___
___ + ___
___ + ___
___ + ___
___ + ___
___ + ___
___ + ___
___ + ___

(11)

___ + ___
___ + ___
___ + ___
___ + ___
___ + ___
___ + ___
___ + ___
___ + ___
___ + ___
___ + ___
___ + ___
___ + ___

(12)

___ + ___
___ + ___
___ + ___
___ + ___
___ + ___
___ + ___
___ + ___
___ + ___
___ + ___
___ + ___
___ + ___
___ + ___
___ + ___

Fredo 1 Mathematik – Arbeitsheft © 2015 Cornelsen Schulverlage GmbH, Berlin

SB S. 36, 37

1 Male wie Paul Klee.
Verwende diese Formen:

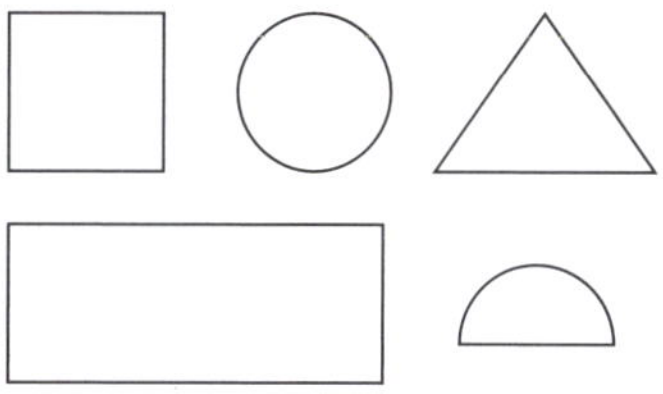

Haus

Boot

Auto

Fredo 1 Mathematik – Arbeitsheft © 2015 Cornelsen Schulverlage GmbH, Berlin

Dreibild-Geschichten

SB S. 40, 41

1

6 (+) ___ = ___

7 (−) ___ = ___

2 Plus oder minus?

___ ( ) ___ = ___

___ ( ) ___ = ___

___ ( ) ___ = ___

___ ( ) ___ = ___

Fredo 1 Mathematik – Arbeitsheft © 2015 Cornelsen Schulverlage GmbH, Berlin

3 Entscheide: Plus oder minus? Ergänze das letzte Bild.

___ ◯ ___ = ___

___ ◯ ___ = ___

___ ◯ ___ = ___

4 Male das fehlende Bild. Schreibe die Aufgabe.

___ ◯ ___ = ___

___ ◯ ___ = ___

___ ◯ ___ = ___

Fredo 1 Mathematik – Arbeitsheft © 2015 Cornelsen Schulverlage GmbH, Berlin

Auf dem Bauernhof

SB S. 42, 43

1 Verbinde und rechne.

3 + 3 = ___

3 + 2 = ___

3 + 1 = ___

2 Finde eine passende Aufgabe zum Bild.

___ + ___ = ____

___ + ___ = ____

___ + ___ = ____

3 Male passende Bilder.

2 + 1 + 2 = ___

3 + 2 + 4 = ___

Fredo 1 Mathematik – Arbeitsheft © 2015 Cornelsen Schulverlage GmbH, Berlin

Kannst du das? 2

1 Anzahlen auf einen Blick erkennen

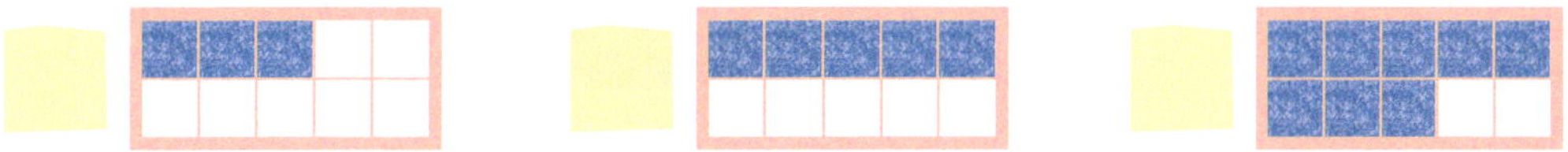

2 Nachbarzahlen finden

	5			9		5		7
	3			7		3		5

3 Zahlenreihen schreiben

7			
2			

			4
			9

	5		
		7	

4 Zahlen mit (<), (=), (>) vergleichen

6 ◯ 4   5 ◯ 5   8 ◯ 6   7 ◯ 9

3 ◯ 7   7 ◯ 6   4 ◯ 2   5 ◯ 3

5 Ergänzen

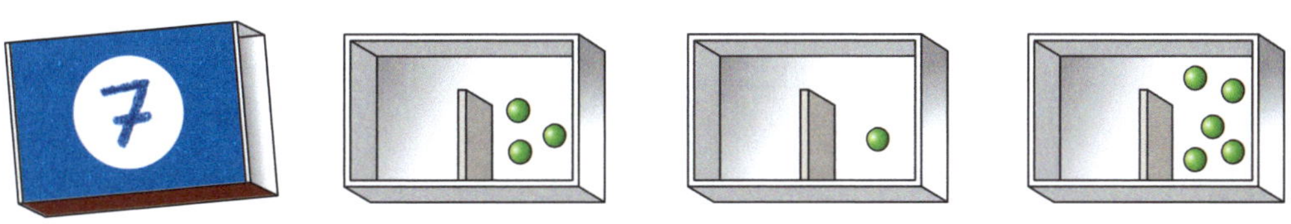

__ + 3   __ + 1   __ + 5

6 Flächenformen bestimmen

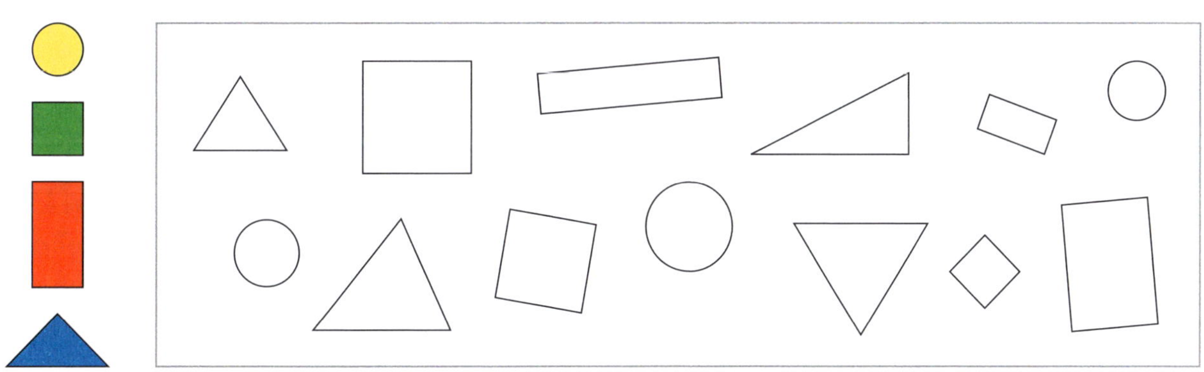

Fredo 1 Mathematik – Arbeitsheft © 2015 Cornelsen Schulverlage GmbH, Berlin

Plusaufgaben

SB S. 44, 45

1 Verbinde gleiche Plusaufgaben.

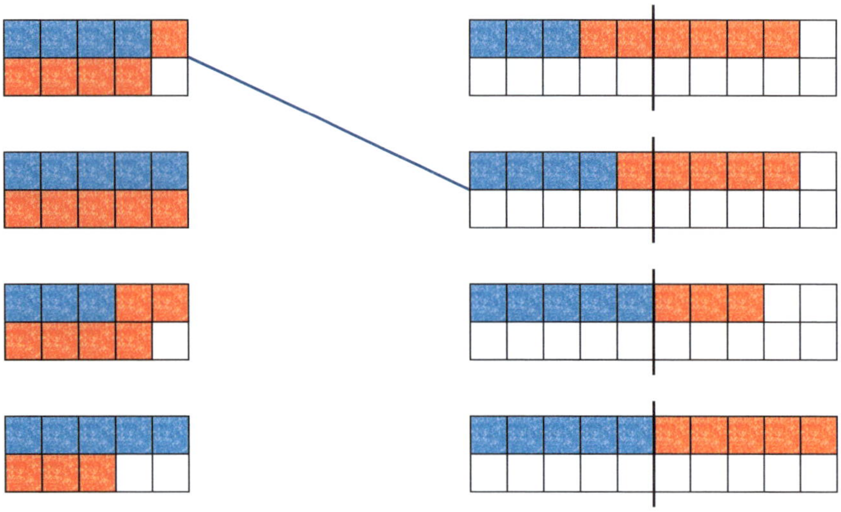

2 Schreibe passende Plusaufgaben.

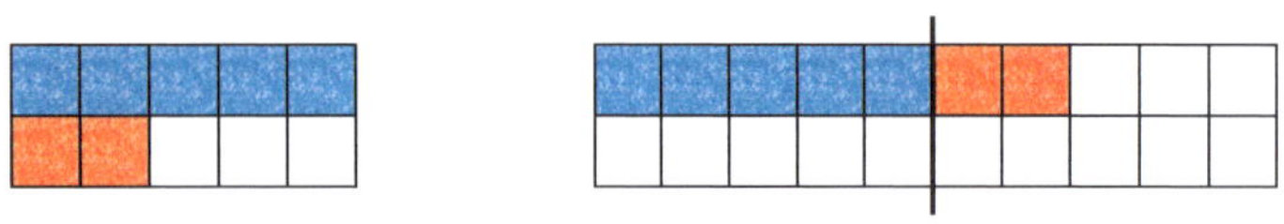

__ + __ = __

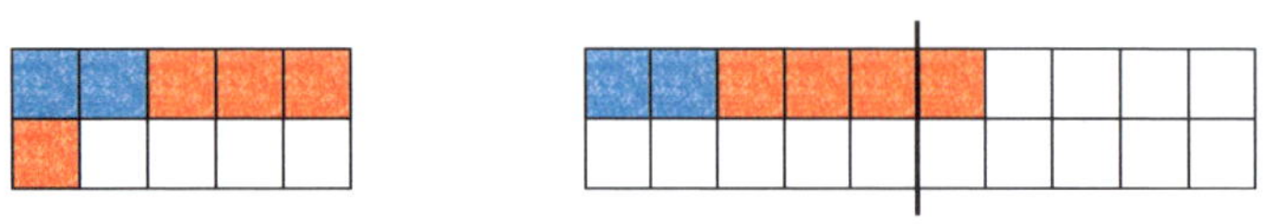

__ + __ = __

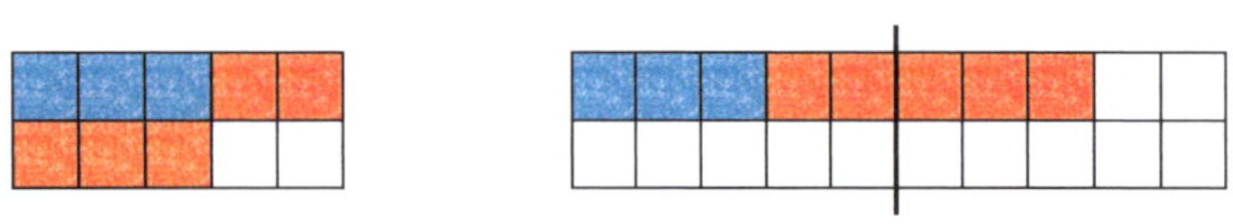

__ + __ = __

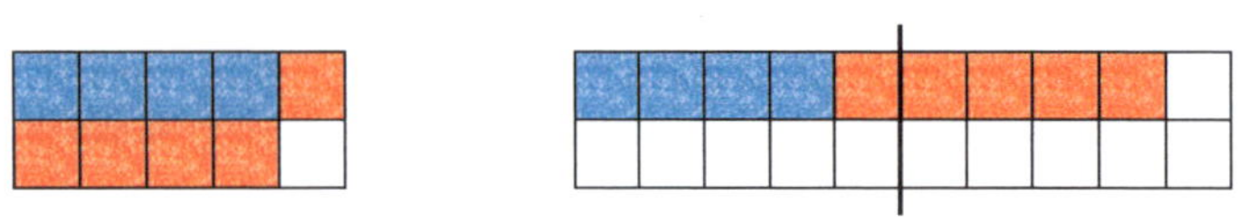

__ + __ = __

3 Male wie Jette und Justus. Rechne.

2 + 6 = ____

5 + 3 = ____

6 + 4 = ____

Fredo 1 Mathematik – Arbeitsheft © 2015 Cornelsen Schulverlage GmbH, Berlin

4 Male und rechne.

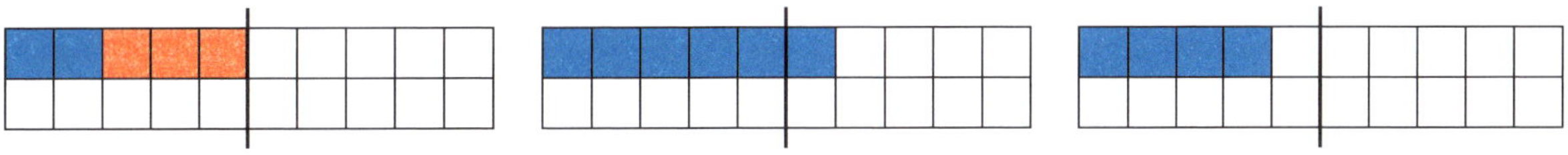

2 + 3 = ___   ___ + 2 = ___   ___ + 6 = ___

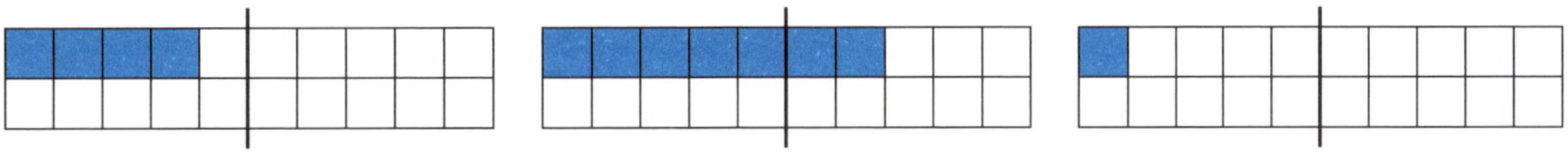

___ + 5 = ___   ___ + 2 = ___   ___ + 4 = ___

5 Male und schreibe selbst Aufgaben.

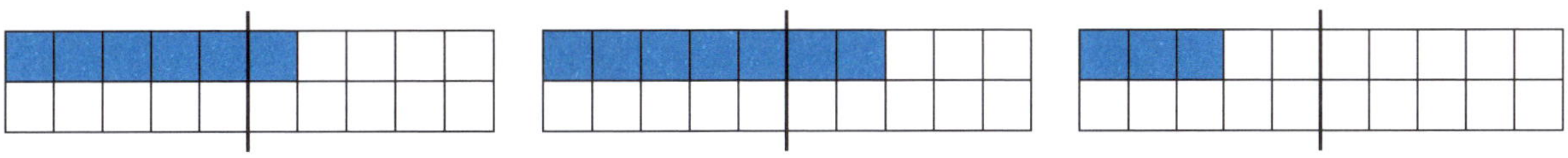

___ + ___ = ___   ___ + ___ = ___   ___ + ___ = ___

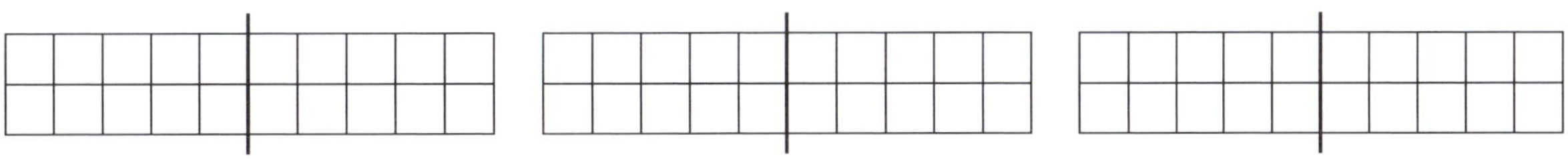

___ + ___ = ___   ___ + ___ = ___   ___ + ___ = ___

6 Rechne.

2 + 0 = ___	1 + 3 = ___	0 + 1 = ___	1 + 1 = ___
2 + 1 = ___	2 + 3 = ___	1 + 2 = ___	2 + 2 = ___
2 + 2 = ___	3 + 3 = ___	2 + 3 = ___	3 + 3 = ___
2 + 3 = ___	4 + 3 = ___	3 + 4 = ___	4 + 4 = ___
2 + 4 = ___	5 + 3 = ___	4 + 5 = ___	5 + 5 = ___

7 Rechne. Wie geht es weiter?

2 + 2 = ___	___ + ___ = ___	5 + ___ = ___
2 + 3 = ___	4 + 3 = ___	5 + ___ = ___
2 + 4 = ___	4 + 4 = ___	5 + ___ = ___
2 + ___ = ___	___ + ___ = ___	5 + 5 = ___
___ + ___ = ___	___ + ___ = ___	___ + ___ = ___

Fredo 1 Mathematik – Arbeitsheft © 2015 Cornelsen Schulverlage GmbH, Berlin

Tauschaufgaben

1 Aufgabe und Tauschaufgabe: Verbinde.

1 + 4	7 + 3	2 + 5	6 + 2	2 + 8	3 + 4	5 + 3
3 + 7	5 + 2	4 + 1	4 + 3	2 + 6	3 + 5	8 + 2

2 Schreibe Aufgabe und Tauschaufgabe.

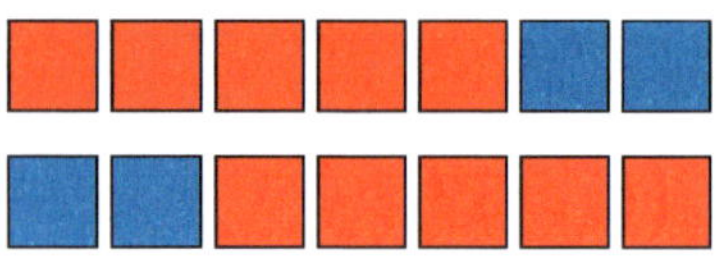

5 + 2 = ___
___ + ___ = ___

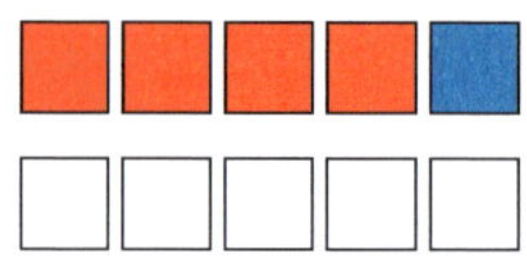

___ + ___ = ___
___ + ___ = ___

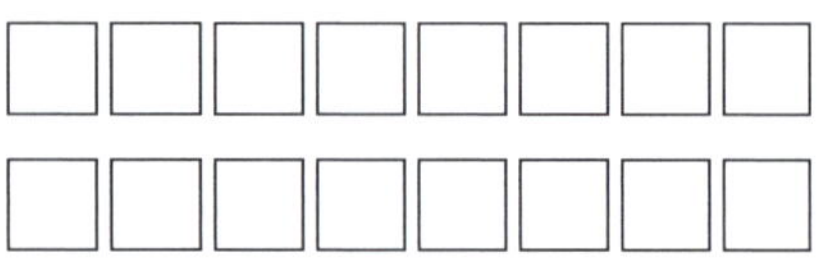

6 + 2 = ___
___ + ___ = ___

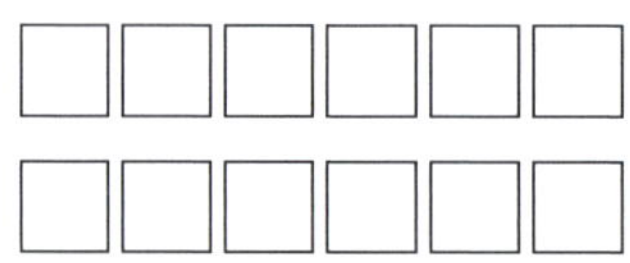

1 + 5 = ___
___ + ___ = ___

3 Aufgabe und Tauschaufgabe: Rechne.

3 + 6 = ___	4 + 3 = ___	0 + 7 = ___	7 + 3 = ___
6 + 3 = ___	___ + ___ = ___	___ + ___ = ___	___ + ___ = ___

4 Welche Aufgabe findest du leichter? Kreuze an und rechne.

☐ 9 + 1 = ___	☐ 4 + 6 = ___	☐ 2 + 5 = ___	☐ 8 + 2 = ___
☐ 1 + 9 = ___	☐ 6 + 4 = ___	☐ 5 + 2 = ___	☐ 2 + 8 = ___

5 Male die Felder an: Ergebnis < 6 Ergebnis > 8

7 + 0	2 + 7	0 + 4	5 + 2	4 + 5	1 + 2
0 + 7	7 + 2	4 + 0	2 + 5	5 + 4	2 + 1
1 + 8	1 + 4	1 + 6	7 + 3	3 + 2	3 + 4
8 + 1	4 + 1	6 + 1	3 + 7	2 + 3	4 + 3

Fredo 1 Mathematik – Arbeitsheft © 2015 Cornelsen Schulverlage GmbH, Berlin

Geo-Zoo

SB S. 48, 49

1 Lege aus.

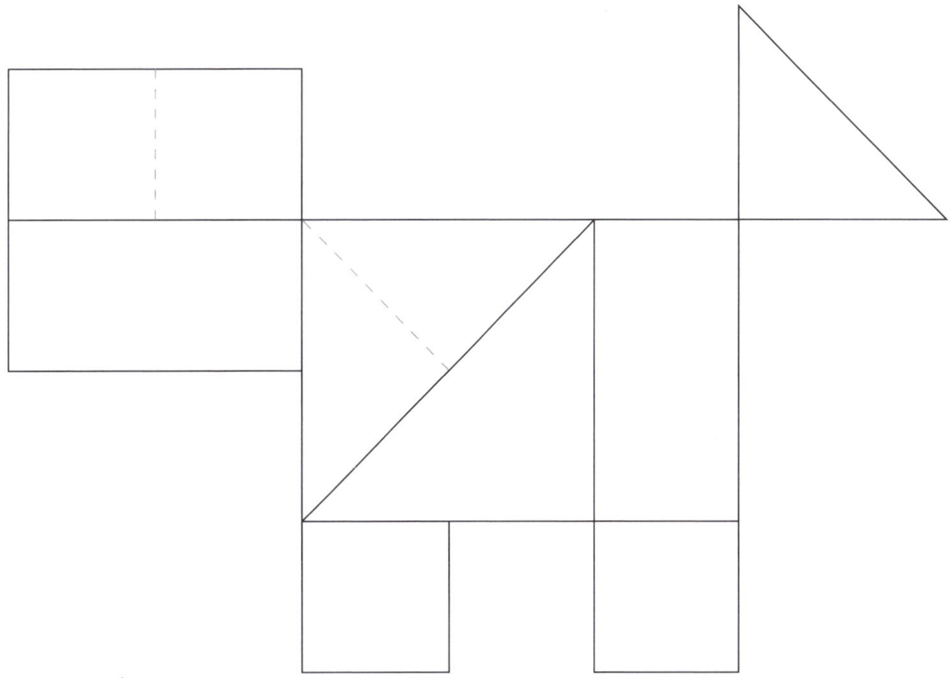

2 Lege aus und zeichne ein.

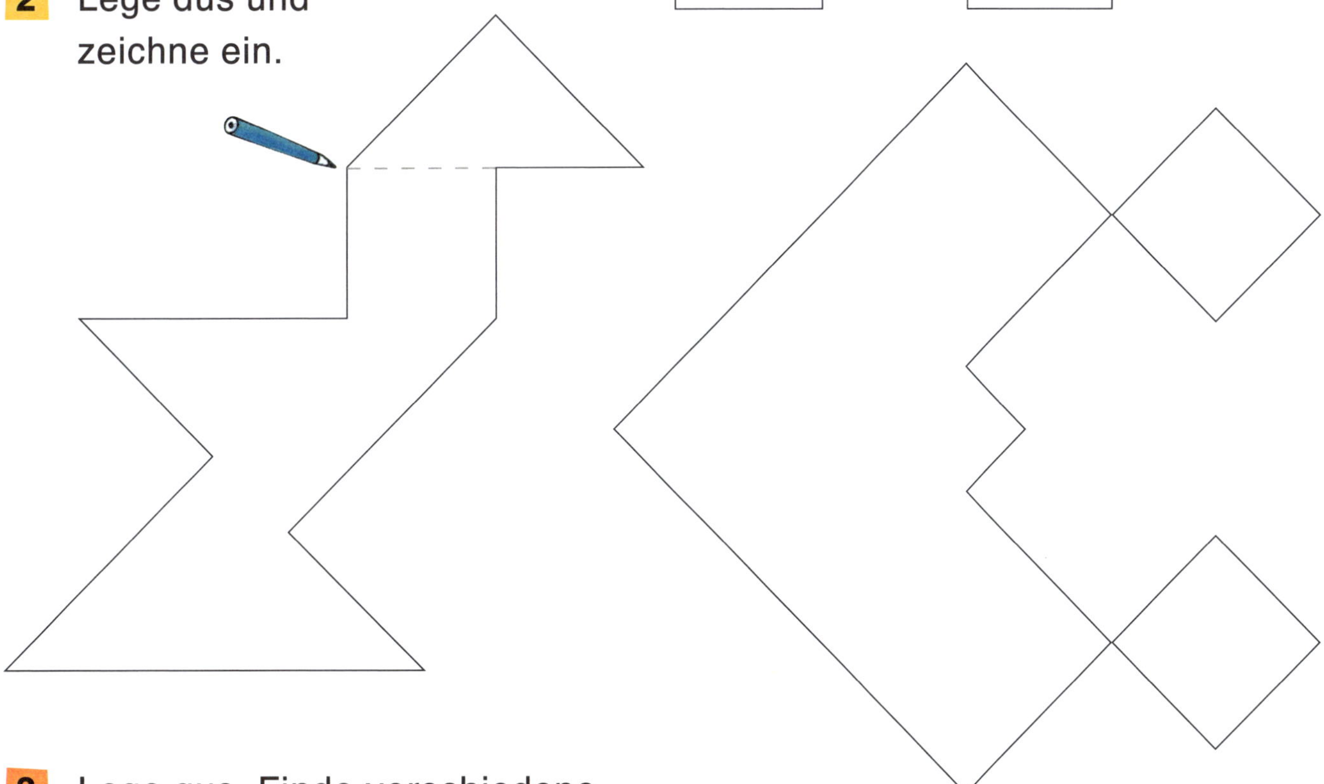

3 Lege aus. Finde verschiedene Möglichkeiten. Trage ein.

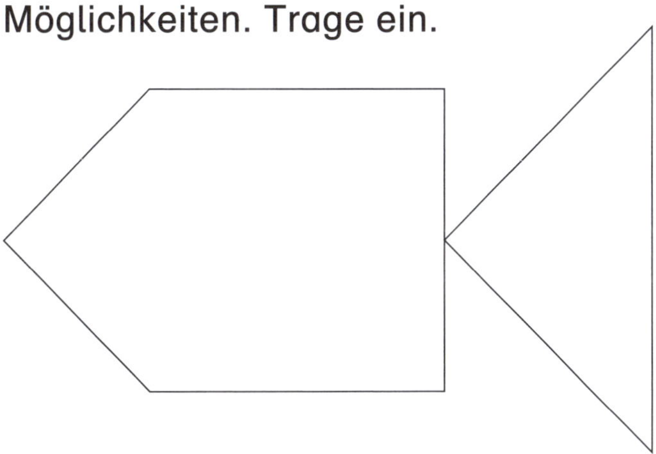

	△ (klein)	△ (groß)	□	▭
1.				
2.				
3.				
4.				

Fredo 1 Mathematik – Arbeitsheft © 2015 Cornelsen Schulverlage GmbH, Berlin

SB S. 50, 51

1 Male an, streiche durch und rechne.

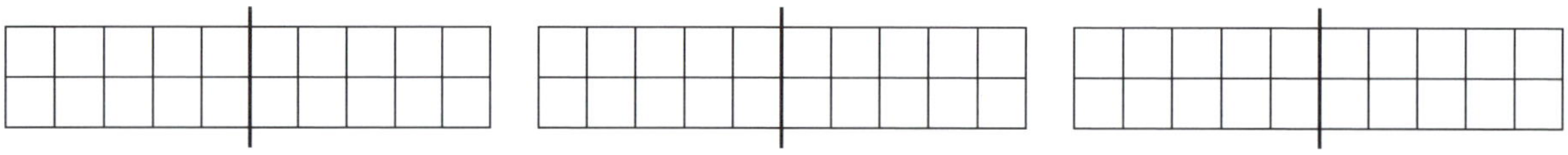

7 – 4 = ___ 10 – 8 = ___ 8 – 6 = ___

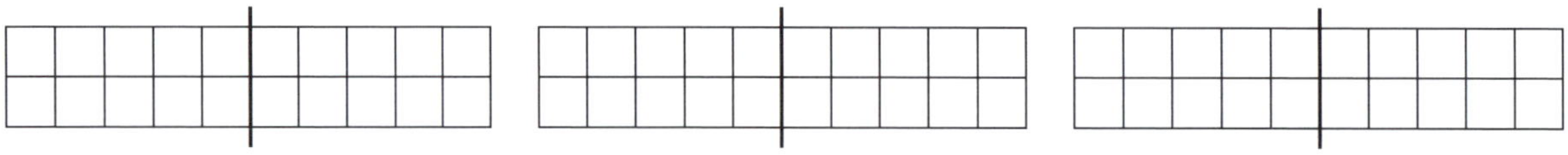

7 – ___ = 5 9 – ___ = 5 10 – ___ = 5

2 Schreibe passende Minusaufgaben.

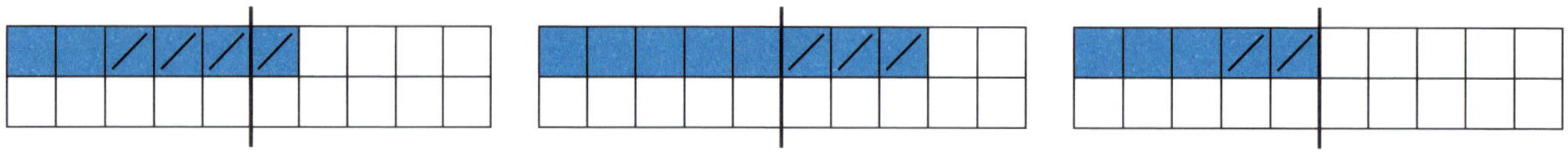

6 – 4 = ___ 8 – ___ = ___ 5 – ___ = ___

3 Schreibe passende Minusaufgaben.

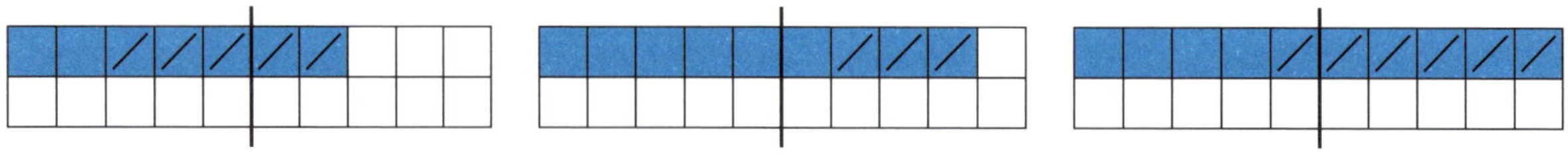

___ – ___ = ___ ___ – ___ = ___ ___ – ___ = ___

4 Rechne.

8 – 6 = ___	9 – 7 = ___	7 – 3 = ___	6 – 3 = ___
7 – 5 = ___	9 – 5 = ___	6 – 3 = ___	7 – 4 = ___
6 – 4 = ___	9 – 3 = ___	5 – 3 = ___	8 – 5 = ___
5 – 3 = ___	9 – 1 = ___	4 – 3 = ___	9 – 6 = ___

5 Finde viele Minusaufgaben zu der Ergebniszahl.

Fredo 1 Mathematik – Arbeitsheft © 2015 Cornelsen Schulverlage GmbH, Berlin

SB S. 52, 53

1 Rechne Aufgabe und Umkehraufgabe.

6 – 2 = ___ 4 + 2 = ___	8 – 5 = ___ 3 + 5 = ___	4 – 2 = ___ 2 + ___ = ___	6 – 2 = 4 4 + 2 = 6
3 + 3 = ___ 6 – 3 = ___	7 + 1 = ___ 8 – 1 = ___	5 + 4 = ___ 9 – ___ = ___	4 + 5 = ___ 9 – ___ = ___

2 Aufgabe und Umkehraufgabe: Rechne.

10 – ___ = ___
___ + ___ = ___

10 – ___ = ___
___ + ___ = ___

___ – ___ = ___
___ + ___ = ___

3 Rechne und finde die Umkehraufgabe.

6 – 5 = ___ ___ + ___ = ___	9 – 3 = ___ ___ + ___ = ___	8 – 0 = ___ ___ + ___ = ___	10 – 3 = ___ ___ + ___ = ___
2 + 7 = ___ ___ – ___ = ___	6 + 0 = ___ ___ – ___ = ___	3 + 4 = ___ ___ – ___ = ___	9 + 1 = ___ ___ – ___ = ___
9 – 5 = ___ 4 ◯ ___ = ___	4 + 3 = ___ ___ ◯ ___ = ___	6 – 4 = ___ ___ ◯ ___ = ___	5 + 5 = ___ ___ ◯ ___ = ___

4 Finde jeweils die fehlende Zahl.

___ + 3 = 9	___ + 4 = 11	___ + 6 = 14	___ + 5 = 12
___ – 4 = 8	___ – 7 = 7	___ – 9 = 3	___ – 6 = 5

Fredo 1 Mathematik – Arbeitsheft © 2015 Cornelsen Schulverlage GmbH, Berlin

1 Rechne.

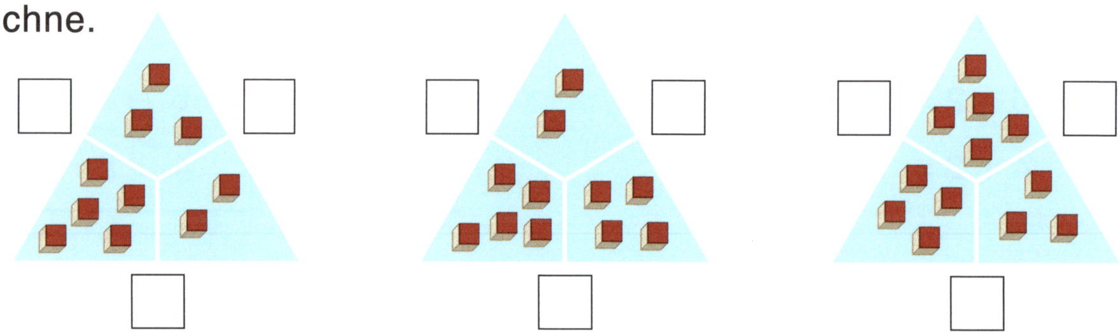

2 Rechne.

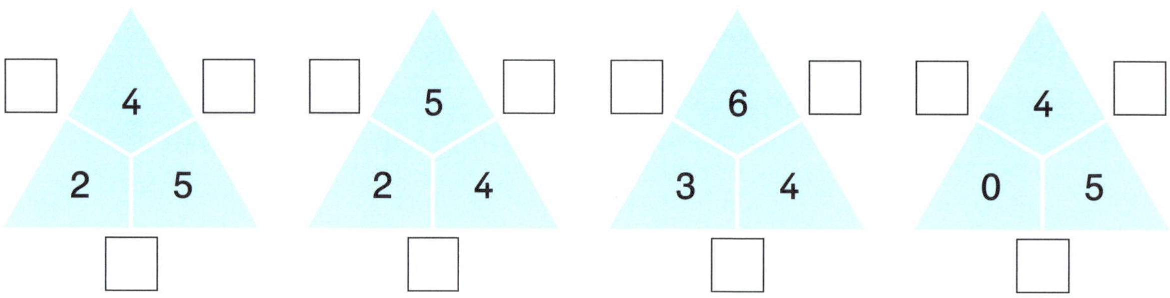

3 Rechne.

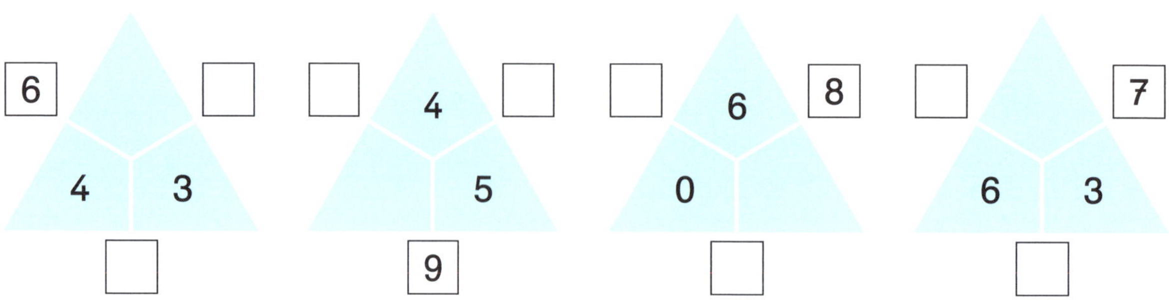

4 Rechne.

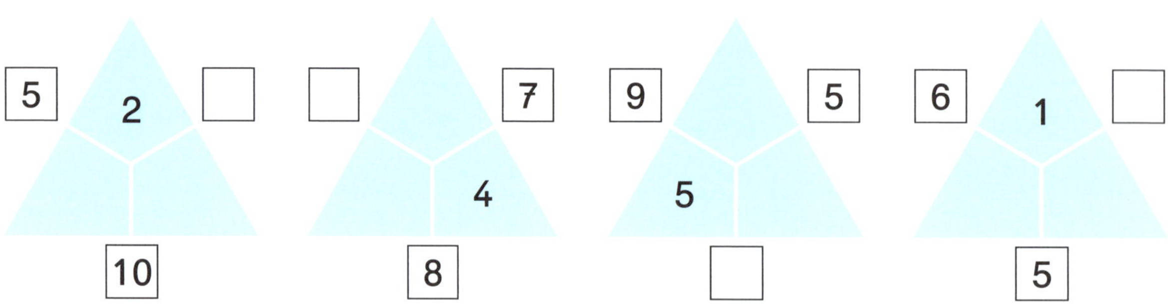

5 Probiere und trage die Lösungen ein. Wie gehst du vor?

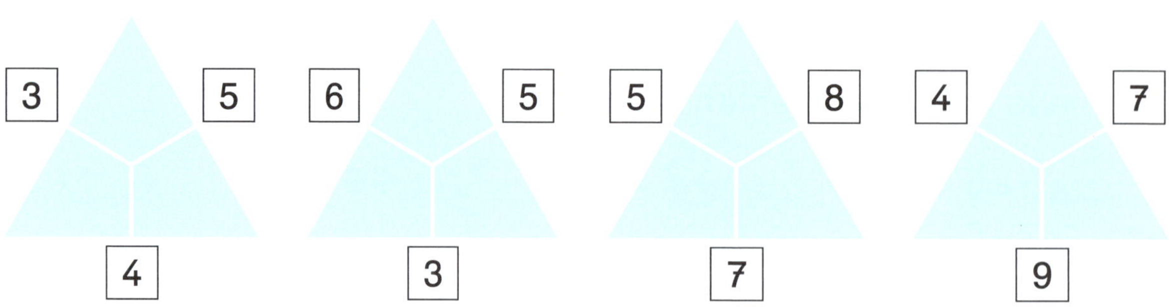

Fredo 1 Mathematik – Arbeitsheft © 2015 Cornelsen Schulverlage GmbH, Berlin

Unser Geld – Cent

SB S. 58, 59

1 Lege und zeichne.

6 ct 8 ct 3 ct 9 ct

2 Ergänze.

Münzen			Geldbetrag
5	2	2	___ ct
2	2	1	___ ct
5	1	1	___ ct
○	○	○	6 ct
○	○	○	8 ct

Münzen					Geldbetrag
1	2	1	2	2	___ ct
2	5	1	1	1	___ ct
2	1	1	1	1	___ ct
○	○	○	○	○	9 ct
○	○	○	○	○	7 ct

3 Welche Münzen fehlen? Ergänze.

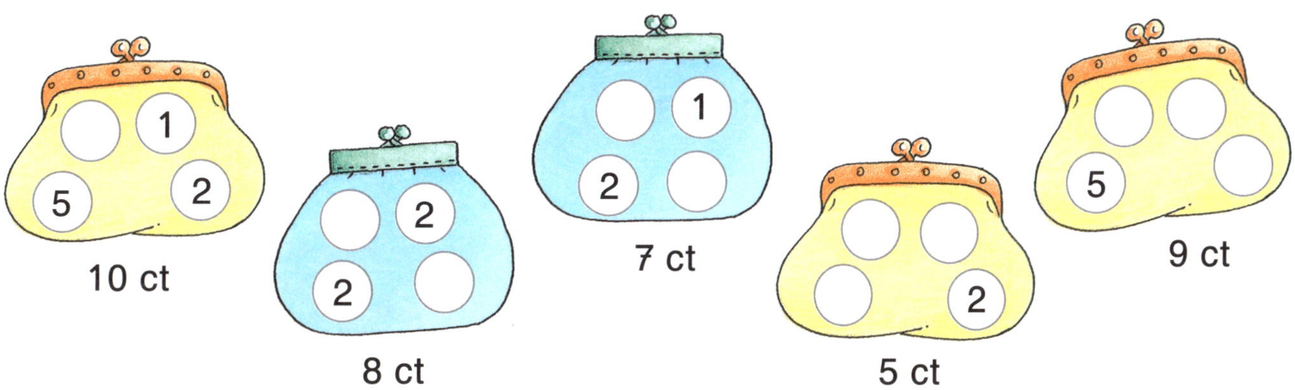

4 Möglichst wenige Münzen

4 ct	
7 ct	
5 ct	
9 ct	

6 ct	
10 ct	
3 ct	
8 ct	

Fredo 1 Mathematik – Arbeitsheft © 2015 Cornelsen Schulverlage GmbH, Berlin

1 Löse die Rechenmauern.

[ ] / 3 | 6

[ ] / 2 | 8

[ ] / 7 | 3

[ ] / 5 | 3

[ ] / 1 | 9

[ ] / 2 | 4

[ ] / 5 | 0

[ ] / 3 | 3

2 Löse die Rechenmauern.

9 / 4 | [ ]

4 / 2 | [ ]

6 / 2 | [ ]

5 / 1 | [ ]

10 / 4 | [ ]

7 / [ ] | 3

10 / [ ] | 3

8 / [ ] | 3

6 / [ ] | 3

9 / [ ] | 3

8 / 2 | [ ]

5 / [ ] | 2

7 / [ ] | 1

10 / 5 | [ ]

4 / 1 | [ ]

3 Immer zwei Mauern: Trage die Zahlen ein.

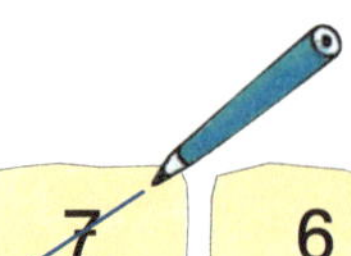

7 | 6 | 4
3 | 8 | 2

4 | 4 | 5
9 | 5 | 1

2 | 7 | 4
3 | 6 | 10

7 / [ ] | [ ]

[ ] / [ ] | [ ]

[ ] / [ ] | [ ]

[ ] / [ ] | [ ]

[ ] / [ ] | [ ]

[ ] / [ ] | [ ]

Fredo 1 Mathematik – Arbeitsheft © 2015 Cornelsen Schulverlage GmbH, Berlin

SB S. 62

1 3 Zahlen – 4 Aufgaben

4 9 5

4 + 5 = 9
5 + ___ = ___
9 – ___ = ___
9 – ___ = ___

2 6 8

2 + ___ = 8
6 + ___ = ___
8 – ___ = ___
8 – ___ = ___

7 1 6

1 + ___ = ___
6 + ___ = ___
7 – ___ = ___
7 – ___ = ___

2 3 Zahlen – 4 Aufgaben

2 4 6

4 4 0

9 6 3

3 3 Zahlen – 4 Aufgaben: Eine Zahl fehlt.

5 3 ☐

7 2 ☐

4 Das faule Ei: Eine Karte passt nicht. Streiche sie durch.

5 2 3 4

3 2 7 4

8 1 7 4

4 2 1 5

1 2 6 4

7 2 6 9

Fredo 1 Mathematik – Arbeitsheft © 2015 Cornelsen Schulverlage GmbH, Berlin

Die verdeckte Karte

SB S. 63

1

5 + 3 = 8
2 + ___ = 6
Karten: 4, ~~3~~

3 + ___ = 5
6 + ___ = 9
Karten: 2, 3

4 + ___ = 5
5 + ___ = 7
Karten: 2, 1

8 − ___ = 3
9 − ___ = 5
Karten: 4, 5

4 − ___ = 0
6 − ___ = 3
Karten: 3, 4

9 − ___ = 4
5 − ___ = 1
Karten: 5, 4

2

3 + 4 = 7
6 + ___ = 9
4 + ___ = 6
Karten: 1, ~~4~~, 3, 2

4 + ___ = 7
1 + ___ = 3
4 + ___ = 8
Karten: 4, 2, 5, 3

4 + ___ = 9
6 + ___ = 7
7 + ___ = 9
Karten: 3, 5, 2, 1

8 − ___ = 2
9 − ___ = 6
4 − ___ = 2
Karten: 2, 5, 3, 6

3 − ___ = 0
6 − ___ = 4
10 − ___ = 6
Karten: 3, 4, 2, 5

7 − ___ = 5
6 − ___ = 1
8 − ___ = 4
Karten: 6, 4, 2, 5

3

___ + 3 = 6
___ + 2 = 3

___ + 4 = 8
___ + 5 = 9

___ + 1 = 7
___ + 3 = 8

___ − 3 = 1
___ − 2 = 4

___ − 5 = 4
___ − 1 = 6

___ − 5 = 2
___ − 3 = 5

Fredo 1 Mathematik – Arbeitsheft © 2015 Cornelsen Schulverlage GmbH, Berlin

Kannst du das? 3

1 Aufgaben zu Bildern finden

___ ◯ ___ = ___

2 Plusaufgaben lösen

5 + 0 = ___	6 + 4 = ___
4 + 2 = ___	3 + 2 = ___
7 + 3 = ___	5 + 4 = ___
3 + 6 = ___	2 + 7 = ___
1 + 8 = ___	9 + 1 = ___

3 Tauschaufgaben finden

4 + 5 = ___	6 + 3 = ___
___ + ___ = ___	___ + ___ = ___
2 + 7 = ___	8 + 1 = ___
___ + ___ = ___	___ + ___ = ___

4 Minusaufgaben lösen

9 – 6 = ___	8 – 4 = ___
7 – 3 = ___	6 – 2 = ___
8 – 5 = ___	9 – 5 = ___
6 – 4 = ___	7 – 2 = ___
5 – 2 = ___	5 – 4 = ___

5 Umkehraufgaben finden

4 + 3 = ___	5 + 3 = ___
___ – ___ = ___	___ – ___ = ___
8 – 6 = ___	6 – 2 = ___
___ + ___ = ___	___ + ___ = ___

6 Rechendreiecke lösen

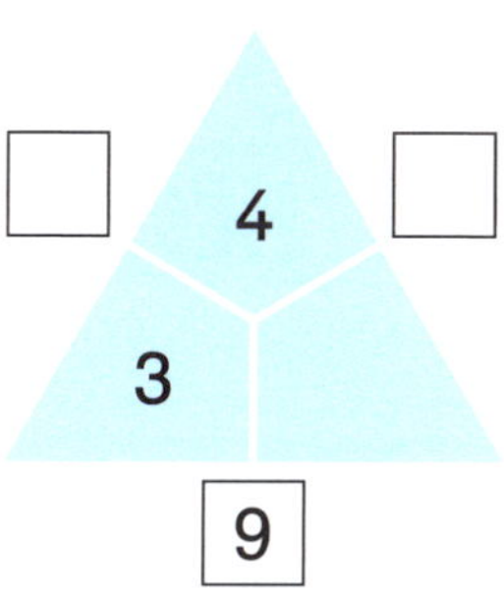

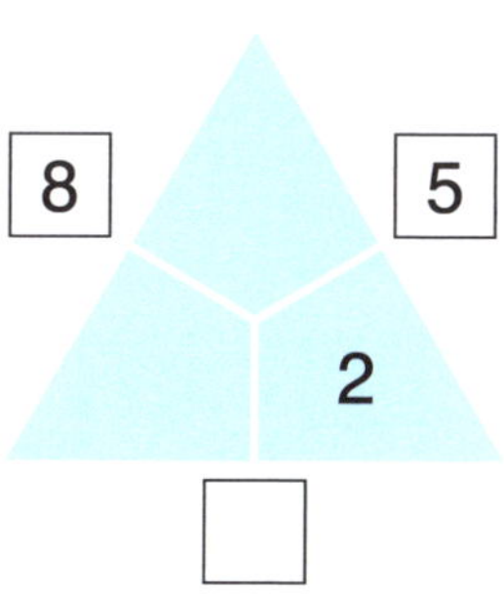

7 Rechenmauern lösen

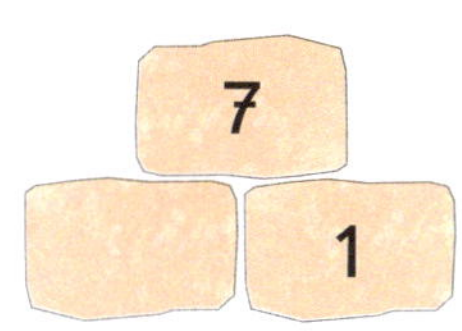

Fredo 1 Mathematik – Arbeitsheft © 2015 Cornelsen Schulverlage GmbH, Berlin

1 Welche Rechenaufgabe siehst du? Schreibe auf.

Dezember

Januar

Februar

März

April

Mai

Juni

Juli

August

September

Oktober

November

Vergleicht eure Rechenaufgaben. Habt ihr verschiedene Aufgaben gefunden? Erklärt sie euch.

Fredo 1 Mathematik – Arbeitsheft © 2015 Cornelsen Schulverlage GmbH, Berlin

2 Male, was fehlt.

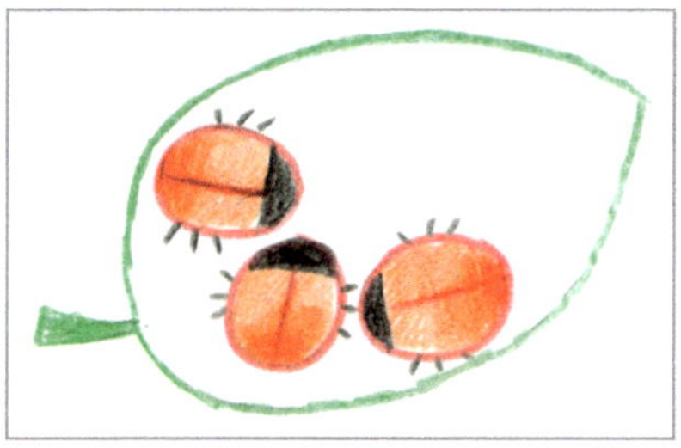

3 + 3 = ___

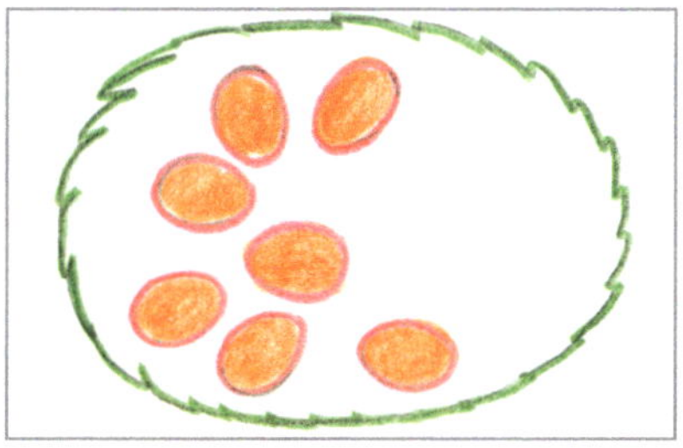

7 + 3 = ___

4 + 2 = ___

3 Welche Aufgabe passt? Kreuze an.

☐ 7 – 1 = 6

☐ 8 – 1 = 7

☐ 2 + 3 = 5

☐ 3 – 2 = 1

☐ 6 + 4 = 10

☐ 6 – 4 = 2

4 Male passende Rechengeschichten.

3 + 2 = ___

___ + ___ = ___

5 – 3 = ___

___ – ___ = ___

Fredo 1 Mathematik – Arbeitsheft © 2015 Cornelsen Schulverlage GmbH, Berlin

Tiere mit Mustern

SB S. 66, 67

1 Setze fort.

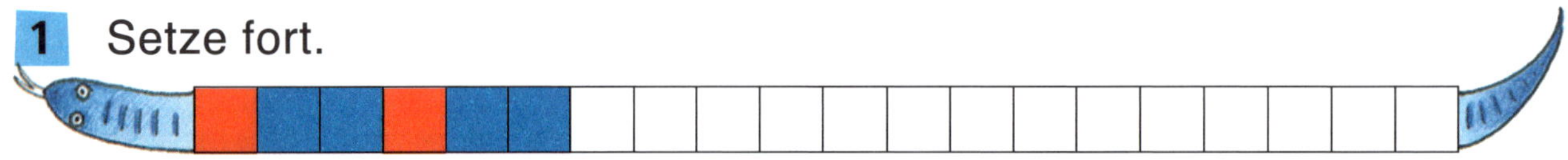

2 Setze fort.

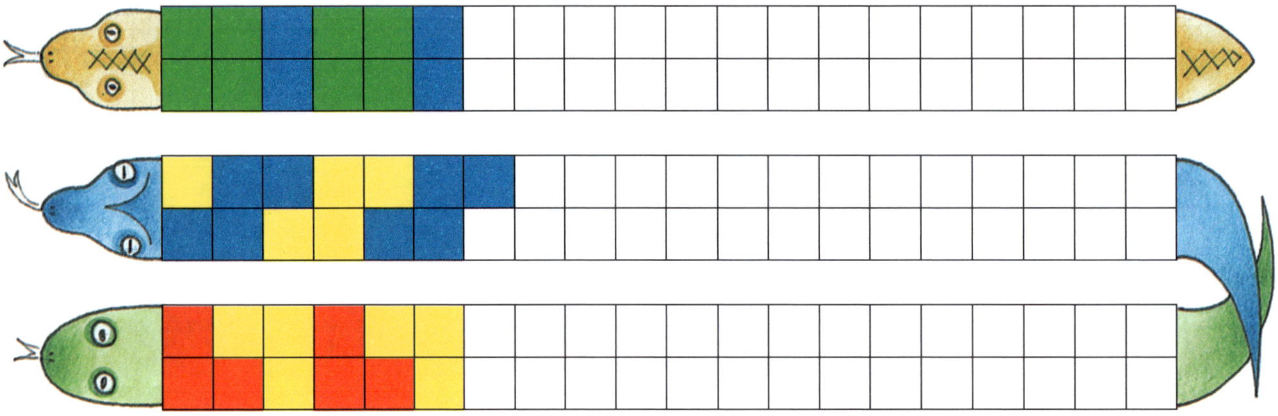

Und wie sieht deine Schlange aus?

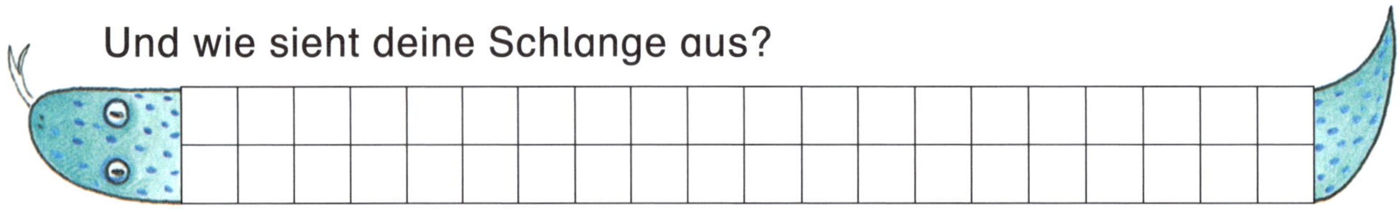

3 Setze fort.

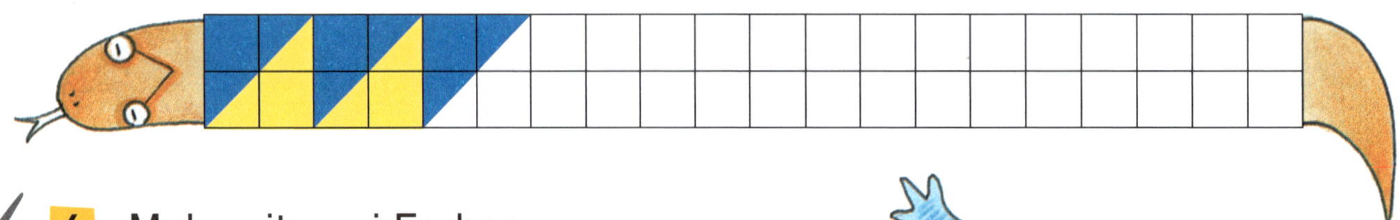

4 Male mit zwei Farben.

Fredo 1 Mathematik – Arbeitsheft © 2015 Cornelsen Schulverlage GmbH, Berlin

1 Rechne.

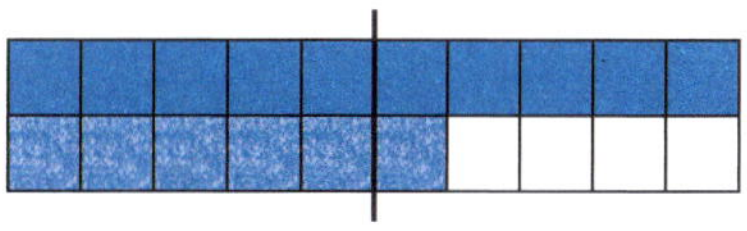

10 + ___ = ___

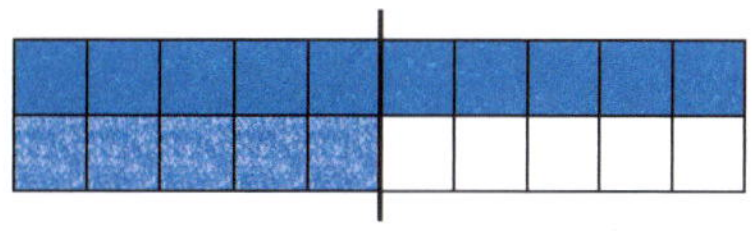

10 + ___ = ___

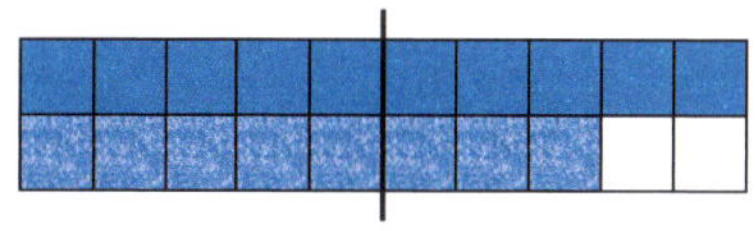

10 + ___ = ___

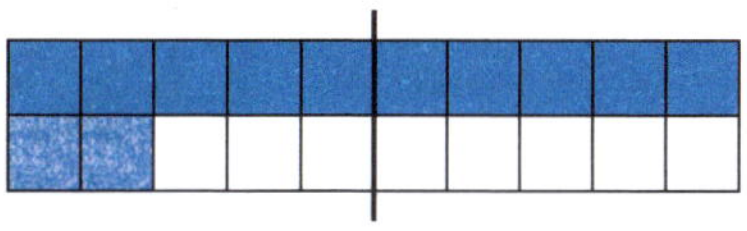

10 + ___ = ___

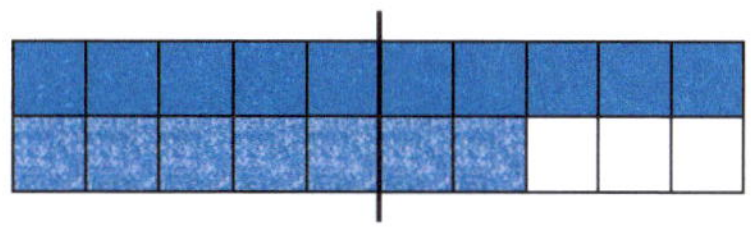

10 + ___ = ___

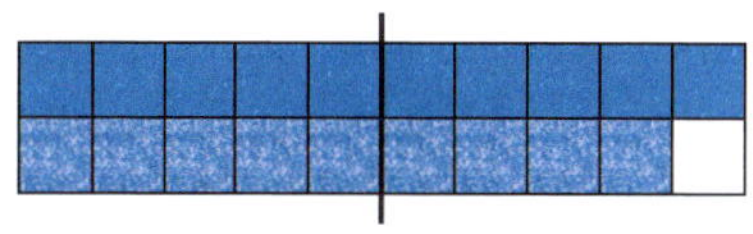

10 + ___ = ___

2 Lege mit den Zahlenkarten.

1 0 1	10 + 1 = ___	1 0 5	___ + ___ = ___
1 0 6	10 + ___ = ___	1 0 9	___ + ___ = ___
1 0 3	___ + ___ = ___	1 0 7	___ + ___ = ___
1 0 8	___ + ___ = ___	1 0 2	___ + ___ = ___

3 Rechne.

1 8	18 = ___ + ___
1 2	___ = ___ + ___
1 7	___ = ___ + ___
1 3	___ = ___ + ___

4 Rechne.

1 9	19 – 10 = ___
1 9	19 – ___ = 10
1 9	19 – ___ = 9
1 9	19 – 9 = ___

5 Rechne.

10 + 1 = ___	16 = 10 + ___	10 + ___ = 14
10 + 2 = ___	17 = 10 + ___	10 + ___ = 15
10 + 3 = ___	18 = 10 + ___	10 + ___ = 16
10 + 4 = ___	19 = 10 + ___	10 + ___ = 17
10 + 5 = ___	20 = 10 + ___	10 + ___ = 18

Fredo 1 Mathematik – Arbeitsheft © 2015 Cornelsen Schulverlage GmbH, Berlin

SB S. 70

1 Trage die fehlenden Zahlen ein.

	2	3		5	6		8		
			14			17		19	20

2 Trage die fehlenden Zahlen ein.

4		6

17		

	12	

		20

3 Trage die fehlenden Zahlen ein.

	12	

	18	

	10

	7	

		17

	5

			19

	10

4 Finde verschiedene Möglichkeiten.

	2	
11	12	13

	2
11	

Vergleiche mit einem Partner.

Fredo 1 Mathematik – Arbeitsheft © 2015 Cornelsen Schulverlage GmbH, Berlin

SB S. 71

1	2	3	4	5	6	7	8	9	10	11	12	13	14	15	16	17	18	19	20

1 Wie geht es weiter?

4	5									14
10	11									20
19	18									9
11	10									1

2 Wie geht es weiter?

4		6												18
5		7												19
18		16												4
17		15												3

3 Wie geht es weiter?

3	6					21
4	8			20		
1	2	4	7	11		22

20	17	14			5
21	17	13			1
18	17	15	12		3

Fredo 1 Mathematik – Arbeitsheft © 2015 Cornelsen Schulverlage GmbH, Berlin

SB S. 72

1	2	3	4	5	6	7	8	9	10	11	12	13	14	15	16	17	18	19	20

1 Trage die Nachbarzahl ein.

→		→		←		←	
13		8			19		16
16		15			10		12
11		7			14		9
4		18			5		11

2 Trage die Nachbarzahlen ein.

	11			10		6		8
	15			12		18		20
	8			16		11		13
	4			13		14		16

3 Trage die richtigen Zahlen ein.

8	10	12		15	
	12			11	
	8			7	
	6			13	

Fredo 1 Mathematik – Arbeitsheft © 2015 Cornelsen Schulverlage GmbH, Berlin

Zahlen vergleichen 1

SB S. 73

1 Vergleiche: (<), (>), (=)

1 (<) 4	6 ◯ 8	8 ◯ 10	7 ◯ 10
11 ◯ 14	17 ◯ 17	1 ◯ 11	6 ◯ 16
13 ◯ 8	18 ◯ 19	14 ◯ 17	11 ◯ 10
16 ◯ 11	12 ◯ 11	15 ◯ 18	14 ◯ 14
19 ◯ 11	10 ◯ 0	9 ◯ 9	19 ◯ 14

2 Trage eine passende Zahl ein.

5 < ____	14 > ____	15 < ____	8 = ____
8 < ____	17 > ____	18 < ____	19 < ____
12 < ____	20 > ____	7 > ____	9 < ____
16 < ____	13 > ____	12 > ____	18 > ____
1 < ____	11 > ____	20 = ____	4 > ____

3 Trage eine passende Zahl ein.

7 < ____ < 9	19 > ____ > 15
8 < ____ < 12	15 > ____ > 13
15 < ____ < 20	10 > ____ > 8
16 < ____ < 19	17 > ____ > 14
2 < ____ < 4	20 > ____ > 18

Vergleicht eure Lösungen.

4 Zahlenrätsel

Ich denke mir eine Zahl. Meine Zahl ist kleiner als 11 und größer als 7.

Welche Zahlen könnten es sein? ____________

Ich denke mir eine Zahl. Meine Zahl ist größer als 10 und kleiner als 13.

Welche Zahlen könnten es sein? ____________

Fredo 1 Mathematik – Arbeitsheft © 2015 Cornelsen Schulverlage GmbH, Berlin

Zahlen vergleichen 2

SB S. 73

1 Wähle passende Zahlen und vergleiche.

9	15	18	12	7	17
16	17	8	9	14	8

___ < ___ ___ ○ ___ ___ ○ ___

___ < ___ ___ ○ ___ ___ ○ ___

___ > ___ ___ ○ ___ ___ ○ ___

___ > ___ ___ ○ ___ ___ ○ ___

___ = ___ ___ ○ ___ ___ ○ ___

2 Trage die Zahlen passend ein.

~~16~~ ~~8~~ ~~8~~
0 ~~5~~ 7

8 = 8
16 > 5
___ < ___

15 6 9
13 14 15

___ = ___
___ > ___
___ < ___

11 17 11
16 19 18

___ = ___
___ > ___
___ < ___

7 11 10
10 12 6

___ = ___
___ > ___
___ < ___

18 2 9
13 18 19

___ = ___
___ > ___
___ < ___

2 17 4
4 5 15

___ = ___
___ > ___
___ < ___

Fredo 1 Mathematik – Arbeitsheft © 2015 Cornelsen Schulverlage GmbH, Berlin

Verwandte Aufgaben

SB S. 74, 75

1 Finde die verwandte Aufgabe und rechne.

4 + 3 = ___	___ + ___ = ___	___ + ___ = ___
14 + 3 = ___	12 + 5 = ___	16 + 2 = ___
___ − ___ = ___	___ − ___ = ___	___ − ___ = ___
19 − 5 = ___	15 − 4 = ___	18 − 6 = ___

6 + 2 | ~~4 + 3~~ | 8 − 6 | 5 − 4 | 2 + 5 | 9 − 5

2 Finde die verwandte Aufgabe und rechne.

12 + 6 = ___	13 + 5 = ___	15 + 4 = ___	11 + 8 = ___
2 + 6 = ___	___ + ___ = ___	___ + ___ = ___	___ + ___ = ___
16 − 3 = ___	18 − 4 = ___	17 − 3 = ___	19 − 6 = ___
6 − 3 = ___	___ − ___ = ___	___ − ___ = ___	___ − ___ = ___

3 Rechne.

15 + 3 = 18	10 + 7 = ___	16 − 4 = ___	18 − 7 = ___
17 + 2 = ___	13 + 2 = ___	13 − 2 = ___	15 − 3 = ___
12 + 4 = ___	16 + 2 = ___	19 − 6 = ___	12 − 2 = ___
14 + 6 = ___	19 + 0 = ___	17 − 5 = ___	19 − 3 = ___
11 + 7 = ___	14 + 4 = ___	14 − 3 = ___	16 − 5 = ___

4 Welche Zahl fehlt?

8 + ___ = 9	5 + ___ = 18	___ + 3 = 10	___ + 2 = 17
8 + ___ = 19	5 + ___ = 8	___ + 3 = 20	___ + 2 = 7
9 − ___ = 2	6 − ___ = 4	___ − 8 = 11	___ − 6 = 13
19 − ___ = 12	16 − ___ = 14	___ − 8 = 1	___ − 6 = 3

Fredo 1 Mathematik – Arbeitsheft © 2015 Cornelsen Schulverlage GmbH, Berlin

1 Wie viel Euro sind es?

____ €

____ €

____ €

____ €

2 Ergänze die Tabelle.

Scheine und Münzen	Geldbetrag
5 5 (2) (2)	14 €
10 5 (1) (1) (1)	
5 (2) (2) (2) (1)	
5 5 5 (2) (2)	
10 (2) (1) (1) (1) (1)	

3 Lege und male.

15 € 9 € 18 € 17 €

Vergleiche mit einem Partner.

4 Welche Scheine und Münzen sind es? Trage ein.

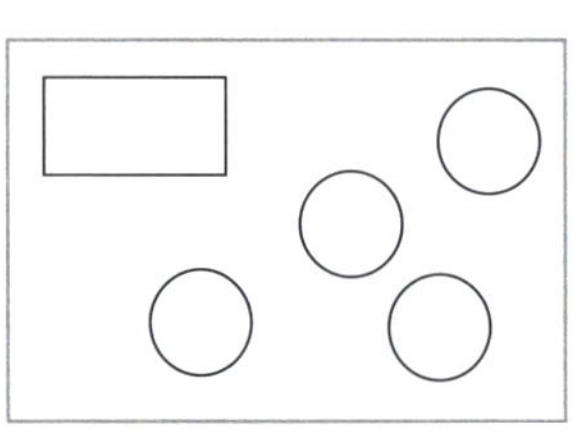

12 €

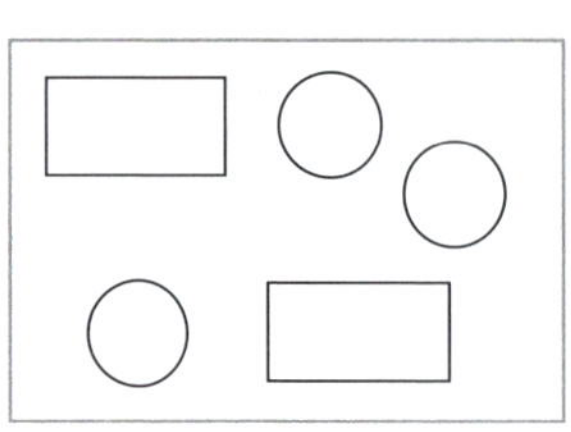

19 €

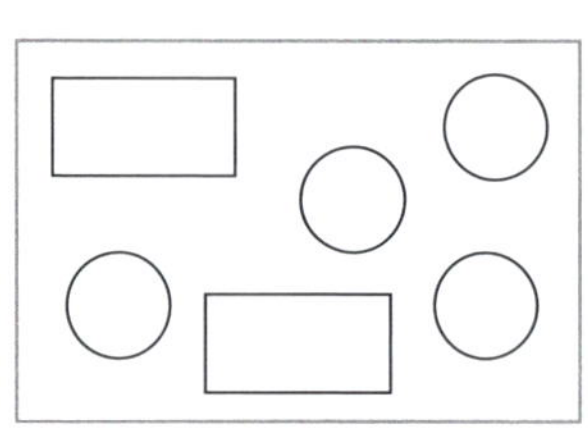

16 €

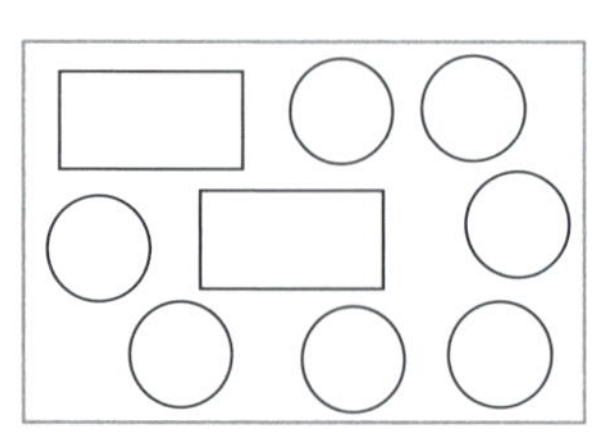

20 €

Fredo 1 Mathematik – Arbeitsheft © 2015 Cornelsen Schulverlage GmbH, Berlin

Kannst du das? 4

1 Muster fortsetzen

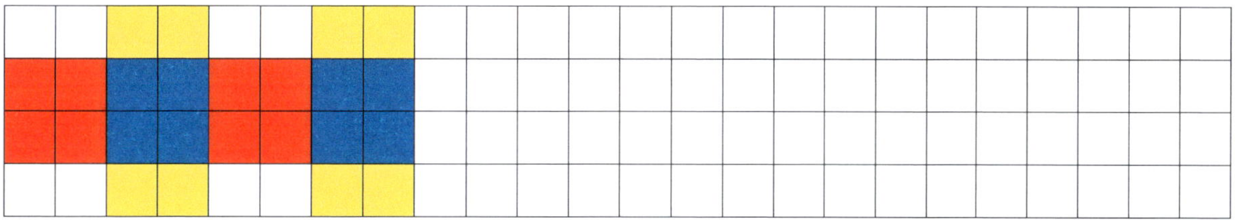

2 Zahlen in der Zwanzigertafel anordnen

	5	

			19

	2		

14	

3 Zahlenfolgen fortsetzen

14, 15, 16, ____, ____, ____, 20

8, 10, 12, ____, ____, ____, 20

17, 16, 15, ____, ____, ____, 11

14, 12, 10, ____, ____, ____, 2

4 Zahlen mit (<), (=), (>) vergleichen

13 ◯ 15 11 ◯ 11 18 ◯ 20 15 ◯ 17

12 ◯ 20 17 ◯ 16 15 ◯ 15 19 ◯ 16

5 Verwandte Aufgaben finden

4 + 3 = ____ ___ + ___ = ____ ___ − ___ = ____ ___ − ___ = ____

14 + 3 = ____ 12 + 7 = ____ 16 − 3 = ____ 18 − 4 = ____

6 Mit Geld rechnen

____ €

____ €

16 €

Fredo 1 Mathematik – Arbeitsheft © 2015 Cornelsen Schulverlage GmbH, Berlin

SB S. 78, 79

1 Verdopple. Male und rechne.

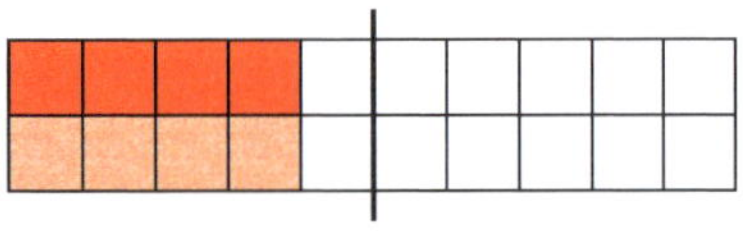
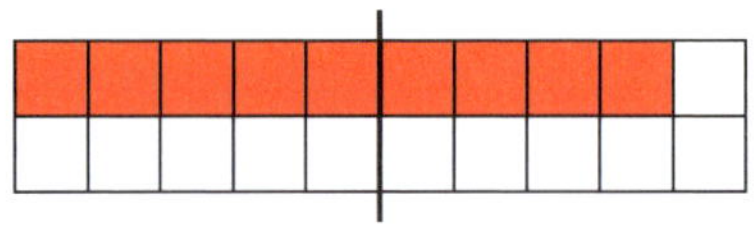
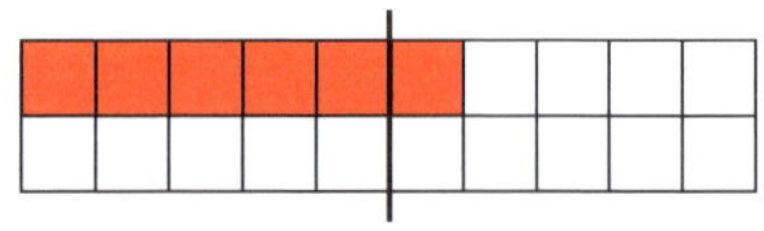

__ + __ = ___   __ + __ = ___   __ + __ = ___

2

Zahl	4	7	0	5	3	1	6	9	2	8	10
das Doppelte											

3 Zahlenrätsel

Ich denke mir eine Zahl. Das Doppelte der Zahl ist 12.

___

Ich denke mir eine Zahl. Ich verdopple und rechne plus 3. Das Ergebnis ist 17.

___

4 Halbiere.

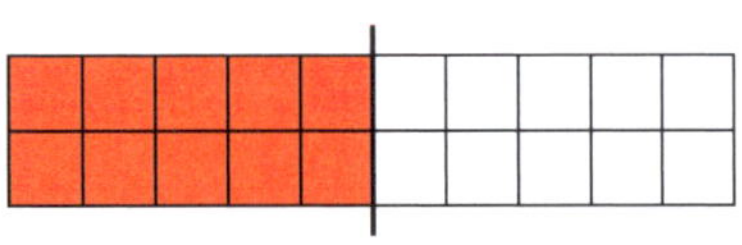
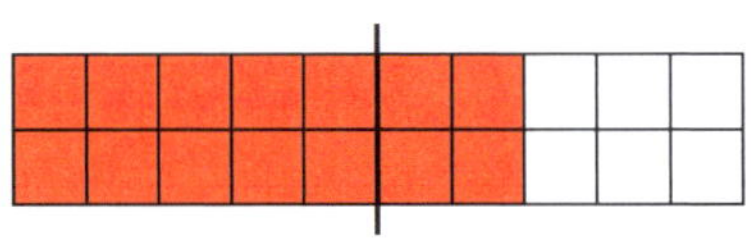
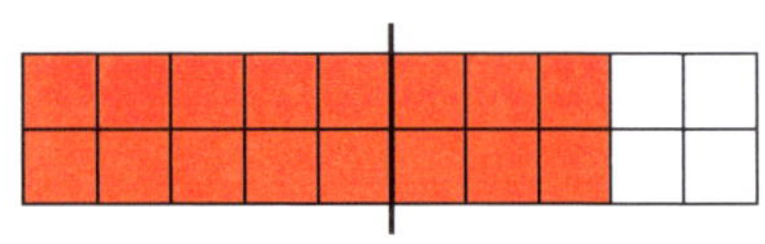

10 = __ + __   14 = __ + __   16 = __ + __

5

Zahl	8	20	16	6	14	2	10	4	0	18	12
die Hälfte											

6 Zahlenrätsel

Ich denke mir eine Zahl. Die Hälfte der Zahl ist 8.

___

Ich denke mir eine Zahl. Ich halbiere sie und rechne minus 4. Das Ergebnis ist 2.

___

Fredo 1 Mathematik – Arbeitsheft © 2015 Cornelsen Schulverlage GmbH, Berlin

SB S. 80, 81

1 Male die Perlen an.

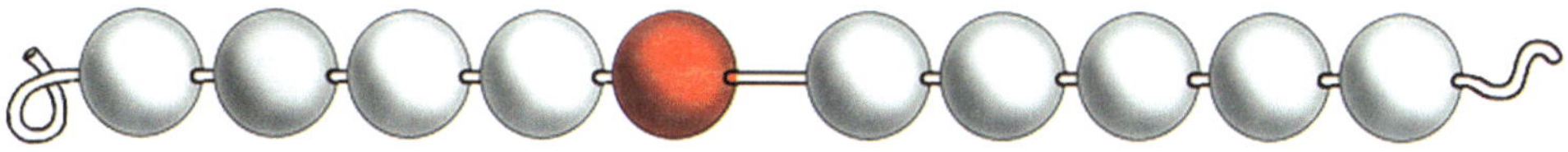

rot: 5. 10.

gelb: 1. 2. 6. 7.

blau: 3. 4. 8. 9.

2 Schreibe auf, an welcher Stelle sich die Perlen befinden.

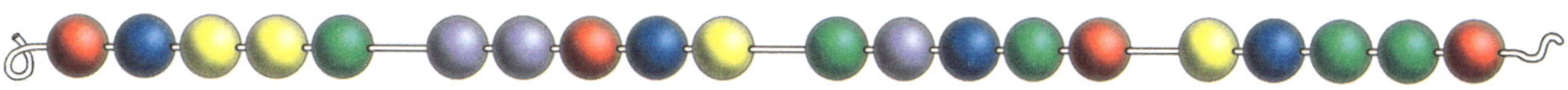

 1., ___, ___, ___

 2., ___, ___, ___

 ___, ___, ___, ___

 ___, ___, ___, ___, ___

 ___, ___, ___

3 Schreibe die Namen an die richtige Stelle.

Fredo ist der Erste. **Frida** ist die Vierte.
Jette steht zwischen Fredo und **Justus**.

___	___	___	___
1.	2.	3.	4.

4 Schreibe die Namen an die richtige Stelle.

Justus steht hinter Fips und vor Frida. Fredo steht hinter Jette.
Frida steht vor Jette. Fredo ist der Letzte.

___	___	___	___	___
1.	2.	3.	4.	5.

Fredo 1 Mathematik – Arbeitsheft © 2015 Cornelsen Schulverlage GmbH, Berlin

Entdeckerpäckchen an der Plustafel

1 Male, rechne und schreibe.

1 + 5	1 + 5 = ___
2 + 5	___ + ___ = ___
3 + 5	___ + ___ = ___
4 + 5	___ + ___ = ___

Die erste Zahl wird immer um 1 ______________ .

Die zweite Zahl bleibt immer ______________ .

Das Ergebnis wird immer um 1 ______________ .

2 Male, rechne und schreibe.

2 + 2	___ + ___ = ___
3 + 2	___ + ___ = ___
4 + 2	___ + ___ = ___
5 + 2	___ + ___ = ___

Die erste Zahl wird immer um 1 ______________ .

Die zweite Zahl bleibt immer ______________ .

Das Ergebnis wird immer um 1 ______________ .

Fredo 1 Mathematik – Arbeitsheft © 2015 Cornelsen Schulverlage GmbH, Berlin

3 Welche Zahlen verändern sich?

7 + 1 = ____	Die erste Zahl	bleibt immer ____________ .
7 + 2 = ____	Die zweite Zahl	wird immer um ____________ .
7 + 3 = ____	Das Ergebnis	wird immer um ____________ .
7 + 4 = ____		

6 + 2 = ____	Die erste Zahl	wird immer um ____________ .
7 + 2 = ____	Die zweite Zahl	bleibt immer ____________ .
8 + 2 = ____	Das Ergebnis	wird immer um ____________ .
9 + 2 = ____		

4 Welches Päckchen passt zum Text? Kreise ein.

Die erste Zahl	bleibt immer gleich.
Die zweite Zahl	wird immer um 1 kleiner.
Das Ergebnis	wird immer um ____________ .

9 + 1 = ____	4 + 4 = ____	3 + 5 = ____
9 + 2 = ____	5 + 4 = ____	3 + 4 = ____
9 + 3 = ____	6 + 4 = ____	3 + 3 = ____
9 + 4 = ____	7 + 4 = ____	3 + 2 = ____

5 Vervollständige die Kästchen. Ergänze die Sätze.

5 + 3	5 + 4	__ + __	__ + __

Die erste Zahl	________________________________ .
Die zweite Zahl	________________________________ .
Das Ergebnis	________________________________ .

Fredo 1 Mathematik – Arbeitsheft © 2015 Cornelsen Schulverlage GmbH, Berlin

Nachbaraufgaben

SB S. 84, 85

1 Rechne.

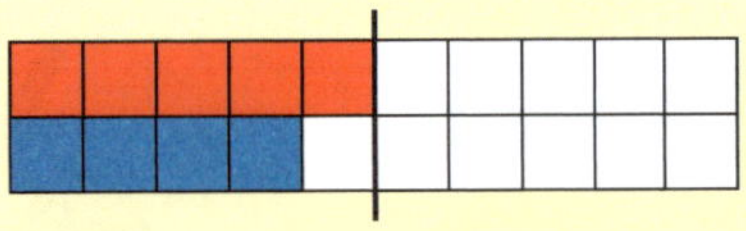

5 + 4 = ____

5 + 4 ist um 1 kleiner als 5 + 5.

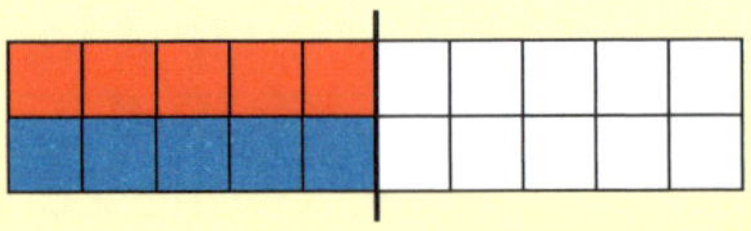

5 + 5 = ____

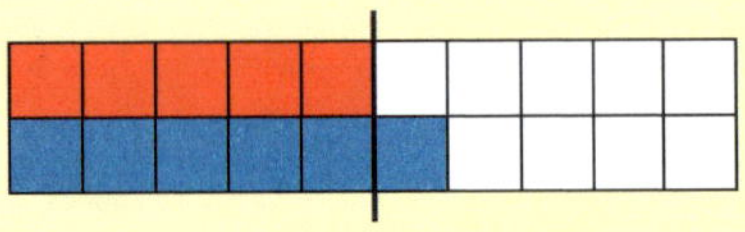

5 + 6 = ____

5 + 6 ist um 1 größer als 5 + 5.

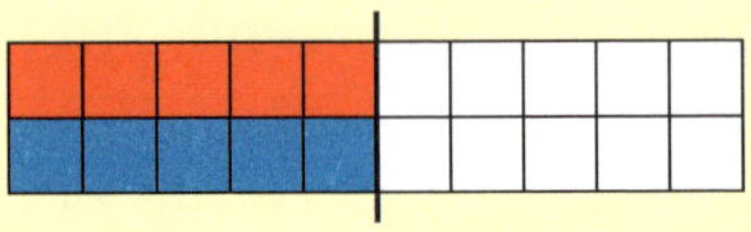

5 + 5 = ____

2 Trage ein: 1 größer oder 1 kleiner.

8 + 7 ist um *1 kleiner* als 8 + 8

8 + 9 ist um ____________ als 8 + 8

9 + 8 ist um ____________ als 8 + 8

7 + 8 ist um ____________ als 8 + 8

3 Rechne.

6 + 6 – 1 = ____

6 + 6 + 1 = ____

7 + 7 – 1 = ____

7 + 7 + 1 = ____

8 + 8 – 1 = ____

8 + 8 + 1 = ____

4 Rechne.

___ + ___ = ____	___ + ___ = ____	___ + ___ = ____	___ + ___ = ____
5 + 4 = ____	5 + 6 = ____	7 + 6 = ____	7 + 8 = ____

5 Finde die beiden passenden Verdopplungsaufgaben.

___ + ___ = ____	___ + ___ = ____	___ + ___ = ____	___ + ___ = ____
3 + 4 = ____	4 + 5 = ____	8 + 7 = ____	9 + 8 = ____
___ + ___ = ____	___ + ___ = ____	___ + ___ = ____	___ + ___ = ____

Fredo 1 Mathematik – Arbeitsheft © 2015 Cornelsen Schulverlage GmbH, Berlin

6 Male und rechne.

9 + 3

10 + 3

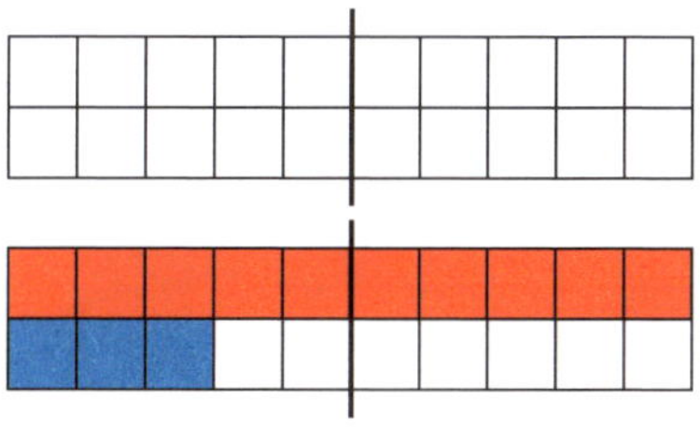

9 + 3 = ____

10 + 3 = ____

9 + 3 ist um 1 ______________ als 10 + 3

---

6 + 9 | 6 + 10

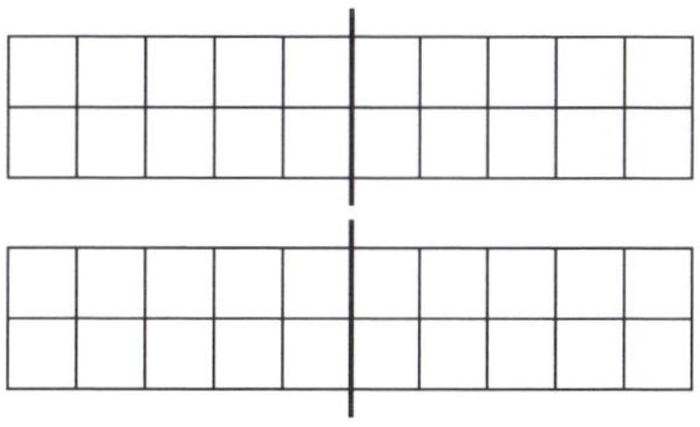

6 + 9 = ____

6 + 10 = ____

6 + 9 ist um 1 ______________ als 6 + 10

7 Rechne.

10 + 5 – 1 = ____	10 + 8 – 1 = ____	10 + 6 – 1 = ____
6 + 10 – 1 = ____	3 + 10 – 1 = ____	9 + 10 – 1 = ____

8 Finde die passende Aufgabe und rechne.

10 + 6 = ____	____ + ____ = ____	____ + ____ = ____	____ + ____ = ____
9 + 6 = ____	9 + 8 = ____	9 + 5 = ____	9 + 3 = ____
4 + 10 = ____	____ + ____ = ____	____ + ____ = ____	____ + ____ = ____
4 + 9 = ____	8 + 9 = ____	6 + 9 = ____	3 + 9 = ____

9 Finde weitere Aufgaben.

____ + ____ = ____	____ + ____ = ____	____ + ____ = ____	____ + ____ = ____
____ + ____ = ____	____ + ____ = ____	____ + ____ = ____	____ + ____ = ____

Fredo 1 Mathematik – Arbeitsheft © 2015 Cornelsen Schulverlage GmbH, Berlin

SB S. 86

1 Rechne.

6 + 4

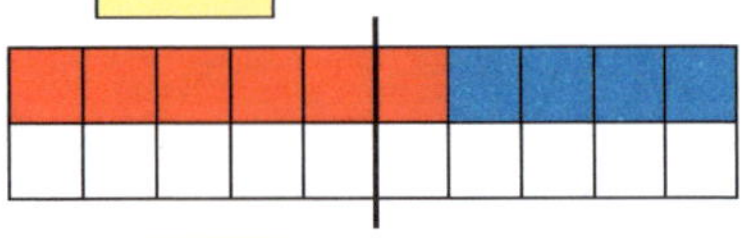

6 + 4 = ___

6 + 8

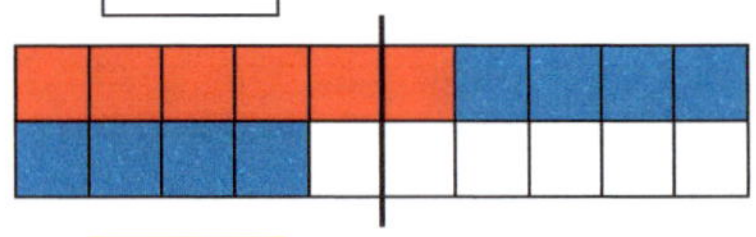

6 + 4 + ___ = ___

8 + 2

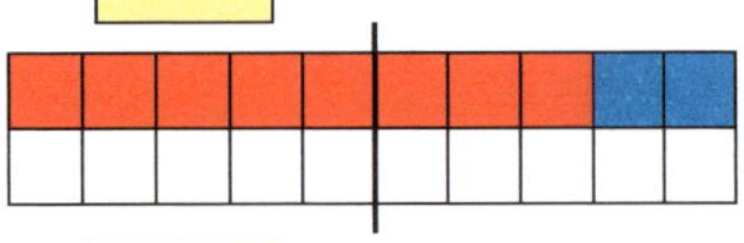

8 + 2 = ___

8 + 5

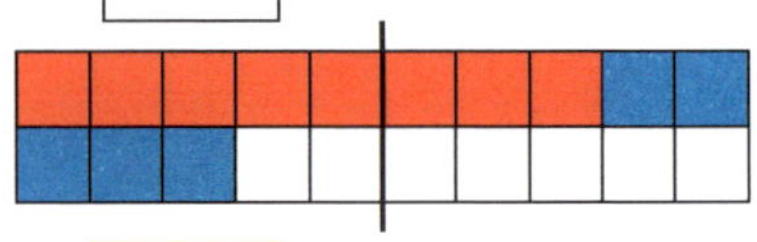

8 + 2 + ___ = ___

2 Male und rechne.

5 + 8

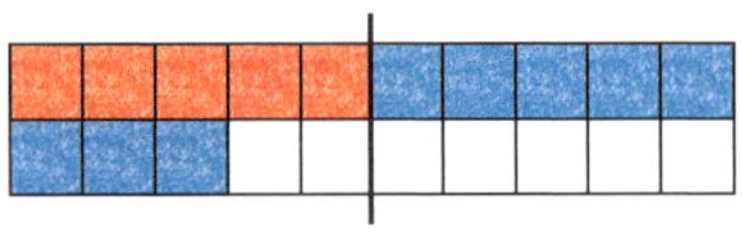

5 + 5 + 3 = ___

5 + 7

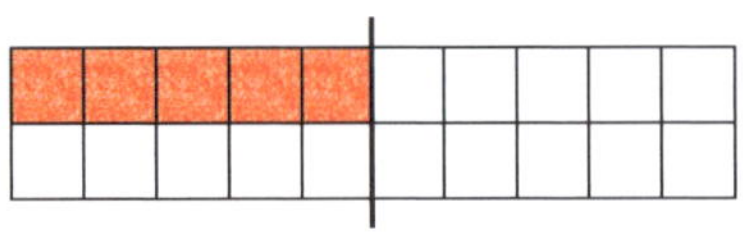

___ + ___ + ___ = ___

8 + 4

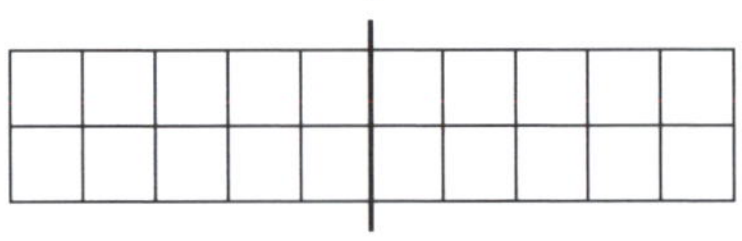

___ + ___ + ___ = ___

8 + 6

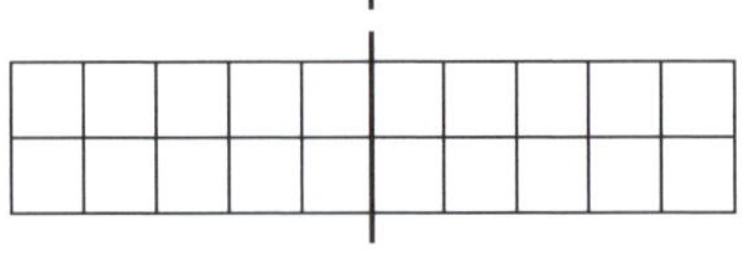

___ + ___ + ___ = ___

7 + 6

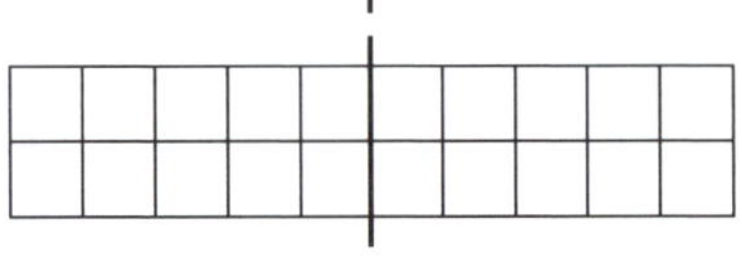

___ + ___ + ___ = ___

7 + 9

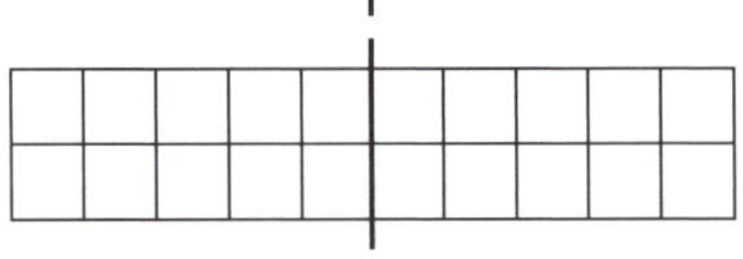

___ + ___ + ___ = ___

3 Rechne mit den **Partneraufgaben**.

8 + 3 = ___
8 + ___ + ___ = ___

8 + 7 = ___
8 + ___ + ___ = ___

8 + 5 = ___
8 + ___ + ___ = ___

6 + 5 = ___
6 + ___ + ___ = ___

6 + 7 = ___
___ + ___ + ___ = ___

6 + 9 = ___
___ + ___ + ___ = ___

Fredo 1 Mathematik – Arbeitsheft © 2015 Cornelsen Schulverlage GmbH, Berlin

SB S. 84–86

1 Finde die **Partneraufgabe** und rechne.

8 + 5 = ____
8 + 2 + 3 = ____

7 + 9 = ____
____ + ____ + ____ = ____

6 + 8 = ____
____ + ____ + ____ = ____

9 + 4 = ____
____ + ____ + ____ = ____

5 + 6 = ____
____ + ____ + ____ = ____

7 + 5 = ____
____ + ____ + ____ = ____

3 + 9 = ____
____ + ____ + ____ = ____

4 + 8 = ____
____ + ____ + ____ = ____

9 + 6 = ____
____ + ____ + ____ = ____

3 + 8 = ____
____ + ____ + ____ = ____

7 + 4 = ____
____ + ____ + ____ = ____

5 + 9 = ____
____ + ____ + ____ = ____

2 Finde die **Verdopplungsaufgabe** und rechne.

7 + 6 = ____
7 + 7 (−) 1 = ____

6 + 7 = ____
____ + ____ ◯ ____ = ____

7 + 8 = ____
____ + ____ ◯ ____ = ____

9 + 8 = ____
____ + ____ ◯ ____ = ____

5 + 6 = ____
____ + ____ ◯ ____ = ____

8 + 7 = ____
____ + ____ ◯ ____ = ____

8 + 9 = ____
____ + ____ ◯ ____ = ____

6 + 5 = ____
____ + ____ ◯ ____ = ____

3 Finde die **Aufgabe mit der 10** und rechne.

9 + 5 = ____
10 + 5 − 1 = ____

9 + 7 = ____
____ + ____ − ____ = ____

9 + 8 = ____
____ + ____ − ____ = ____

9 + 4 = ____
____ + ____ − ____ = ____

9 + 6 = ____
____ + ____ − ____ = ____

9 + 3 = ____
____ + ____ − ____ = ____

3 + 9 = ____
____ + ____ − ____ = ____

8 + 9 = ____
____ + ____ − ____ = ____

6 + 9 = ____
____ + ____ − ____ = ____

4 + 9 = ____
____ + ____ − ____ = ____

7 + 9 = ____
____ + ____ − ____ = ____

5 + 9 = ____
____ + ____ − ____ = ____

Fredo 1 Mathematik – Arbeitsheft © 2015 Cornelsen Schulverlage GmbH, Berlin

1 Welche Aufgabe hilft? Verbinde und rechne.

6 + 7 = ____	8 + 9 = ____	7 + 8 = ____
8 + 8 + 1 = ____	6 + 6 + 1 = ____	7 + 7 + 1 = ____

9 + 7 = ____	6 + 9 = ____	3 + 9 = ____
6 + 10 − 1 = ____	10 + 7 − 1 = ____	3 + 10 − 1 = ____

2 Rechne auf deinem Weg.

7	+	8	=					

8	+	6	=					

9	+	7	=					

3	+	9	=					

6	+	5	=					

7	+	5	=					

3 Welche Aufgaben können helfen? Verbinde und rechne.

5 + 6 = ____	7 + 10	7 + 8 = ____	8 + 2
7 + 9 = ____	7 + 3	9 + 5 = ____	7 + 7
7 + 5 = ____	5 + 5	8 + 6 = ____	10 + 5

Fredo 1 Mathematik – Arbeitsheft © 2015 Cornelsen Schulverlage GmbH, Berlin

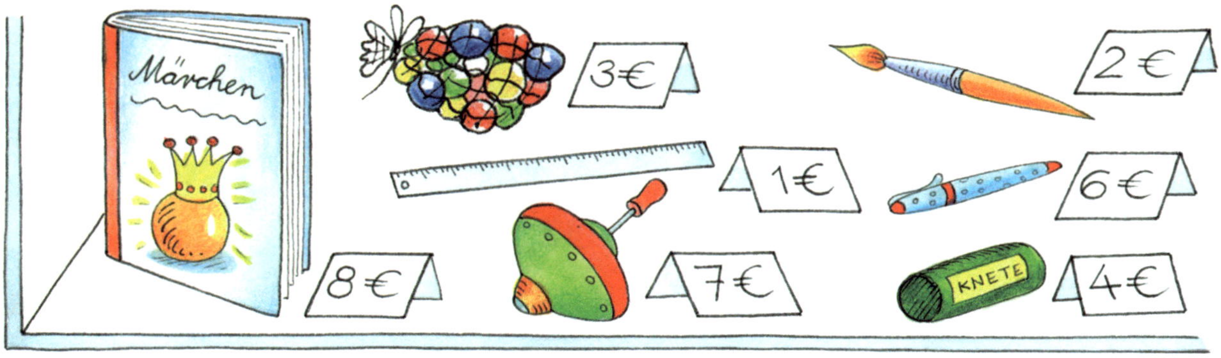

1 Wie viel kostet es?

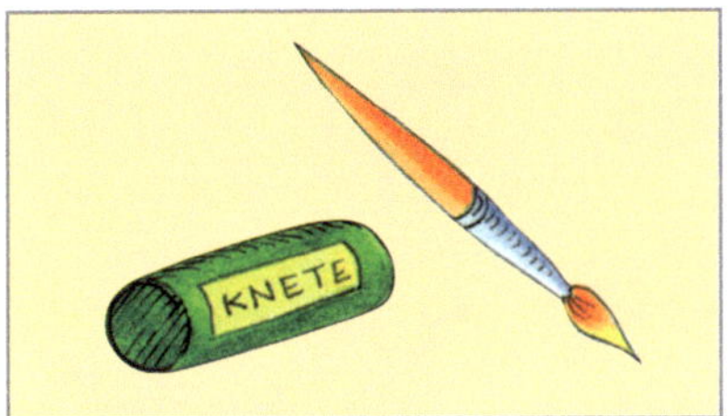

__ € + __ € = ____ €

__ € + __ € = ____ €

__ € + __ € = ____ €

2 Wie viel kostet es?

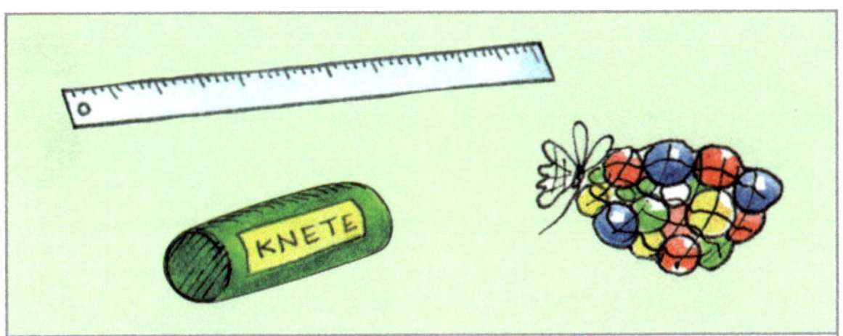

__ € + __ € + __ € = ____ €

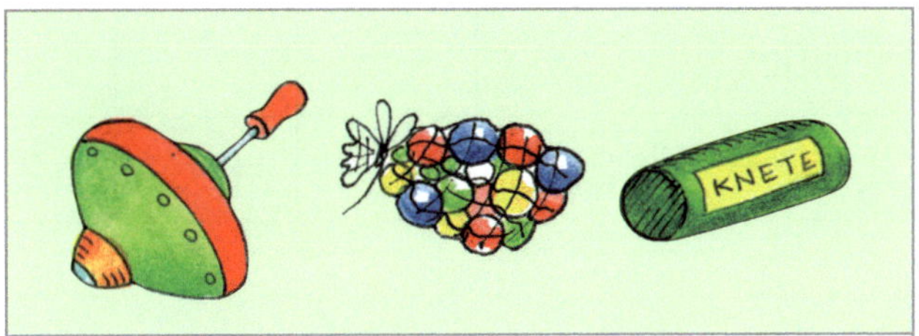

__ € + __ € + __ € = ____ €

__ € + __ € + __ € = ____ €

__ € + __ € + __ € + __ € = ____ €

3 Du hast 10 Euro. Male und rechne.

Fredo 1 Mathematik – Arbeitsheft © 2015 Cornelsen Schulverlage GmbH, Berlin

SB S. 90, 91

1 Wie viel Euro kosten 2 Stück?

	4 €
	8 €

	3 €
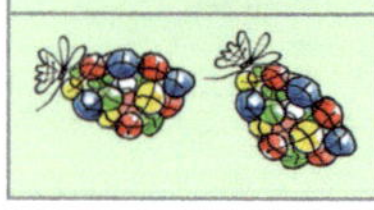	___ €

	7 €
	___ €

	8 €
	___ €

2 Wie viel kostet 1 Stück?

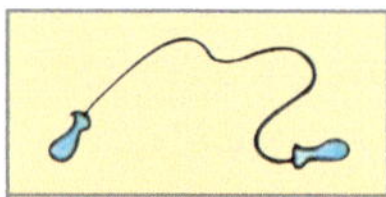	4 €
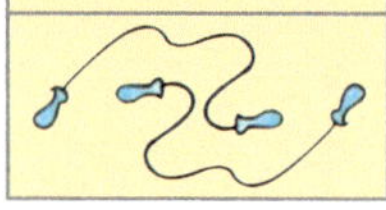	8 €

	___ €
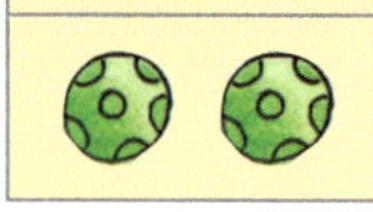	12 €

	___ €
	10 €

	___ €
	18 €

3 Trage ein.

1 Stück	4 €	6 €	10 €	8 €	5 €			
2 Stück						8 €	18 €	14 €

1 Stück						4 €	2 €	7 €
2 Stück	20 €	10 €	6 €	12 €	18 €			

4 Was wurde noch gekauft? Male.

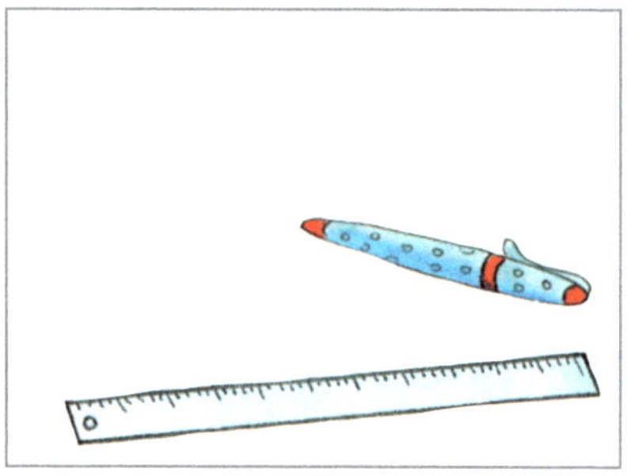

14 €

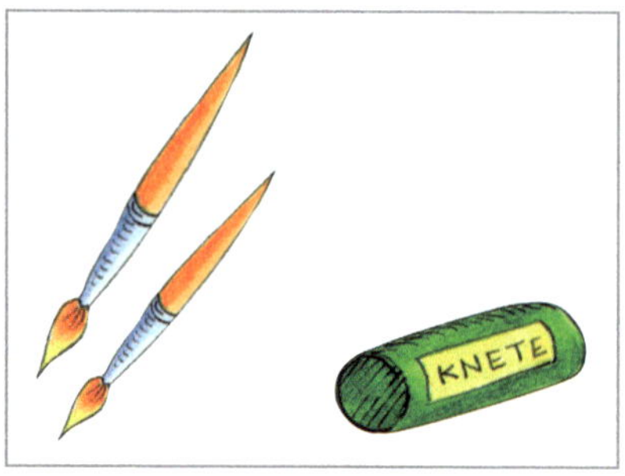

11 €

20 €

Fredo 1 Mathematik – Arbeitsheft © 2015 Cornelsen Schulverlage GmbH, Berlin

1 Verdoppeln und halbieren

Zahl	5	2	10	7
das Doppelte				

Zahl	14	18	20	12
die Hälfte				

2 Ordnungszahlen anwenden

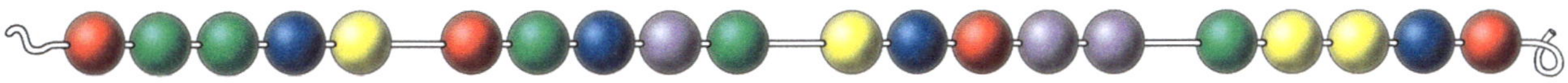

 1. , ____ , ____ , ____

 2. , ____ , ____ , ____ , ____

 ____ , ____ , ____ , ____

 ____ , ____ , ____ , ____

 ____ , ____ , ____

3 Plusaufgaben lösen

6 + 9 =

6 + 7 =

8 + 5 =

4 + 9 =

4 Preise berechnen

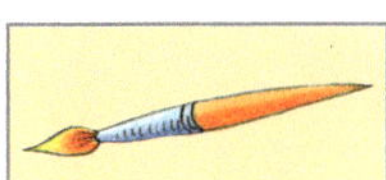	__ €		__ €		__ €		__ €
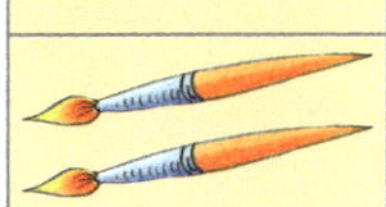	4 €	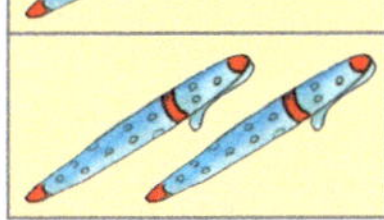	12 €		10 €		16 €

5 Preise berechnen

1 Stück	3 €	5 €	7 €	8 €	10 €			
2 Stück						6 €	14 €	18 €

Fredo 1 Mathematik – Arbeitsheft © 2015 Cornelsen Schulverlage GmbH, Berlin

 SB S. 92, 93

1 Rechne immer zuerst die Aufgabe, die du einfacher findest.

6 + 6 = ___	7 + 6 = ___	8 + 7 = ___	5 + 8 = ___
___	___	___	___

2 3 Zahlen – 4 Aufgaben

12 9 3	8 11 3	6 8 14
9 + 3 = ___	8 + 3 = ___	6 + 8 = ___
3 + 9 = ___	___ + 8 = ___	___ + ___ = ___
12 – 9 = ___	11 – 8 = ___	___ – ___ = ___
12 – 3 = ___	___ – ___ = ___	___ – ___ = ___

3 Finde die 3 passenden Aufgaben.
Male sie in der gleichen Farben an.

15 – 4 = 11 | 6 + 7 = 13 | 9 + 5 = 14

13 – 7 = ___ | 7 + ___ = 13 | 15 – 11 = ___ | 4 + 11 = ___

11 + 4 = ___ | 14 – 9 = ___

5 + 9 = ___ | 13 – ___ = 7 | 14 – ___ = 9

4 Welche Zahlenkarte passt nicht? Streiche durch.

10 8 17 2	7 3 8 10	14 4 7 7
4 10 6 5	8 9 8 16	12 5 10 15

Fredo 1 Mathematik – Arbeitsheft © 2015 Cornelsen Schulverlage GmbH, Berlin

Rechenwege bei Minusaufgaben

1 Rechne.

3 – 1 = ___	5 – 4 = ___	7 – 5 = ___	9 – 1 = ___
13 – 1 = ___	15 – 4 = ___	17 – 5 = ___	19 – 1 = ___
6 – 2 = ___	8 – 7 = ___	4 – 3 = ___	7 – 4 = ___
16 – 2 = ___	18 – 7 = ___	14 – 3 = ___	17 – 4 = ___

2 Rechne. Wie geht es weiter?

15 – 1 = ___	16 – 2 = ___	20 – 10 = ___	18 – 7 = ___
15 – 2 = ___	16 – 3 = ___	20 – 9 = ___	18 – 6 = ___
15 – 3 = ___	16 – ___ = ___	20 – 8 = ___	18 – ___ = ___
15 – ___ = ___	16 – ___ = ___	20 – ___ = ___	18 – ___ = ___
___ – ___ = ___	___ – ___ = ___	___ – ___ = ___	___ – ___ = ___

3 Rechne.

12 – 8 = ___	13 – 9 = ___	11 – 8 = ___
8 + 4 = 12	**9 + ___ = 13**	**8 + ___ = 11**
14 – 8 = ___	15 – 12 = ___	20 – 16 = ___
8 + ___ = 14	**12 + ___ = 15**	**16 + ___ = 20**

17 – 9 = ___	14 – 9 = ___	13 – 9 = ___
17 – 10 = 7	**14 – 10 = ___**	**13 – 10 = ___**
16 – 9 = ___	12 – 9 = ___	15 – 9 = ___
16 – 10 = ___	**12 – 10 = ___**	**15 – 10 = ___**

4

12 – 5 = ___	14 – 6 = ___	16 – 7 = ___
12 – 6 = 6	**14 – 7 = ___**	**16 – 8 = ___**
13 – 6 = ___	15 – 7 = ___	17 – 8 = ___
12 – 6 = ___	**14 – 7 = ___**	**16 – 8 = ___**

Fredo 1 Mathematik – Arbeitsheft © 2015 Cornelsen Schulverlage GmbH, Berlin

1 Streiche durch und rechne.

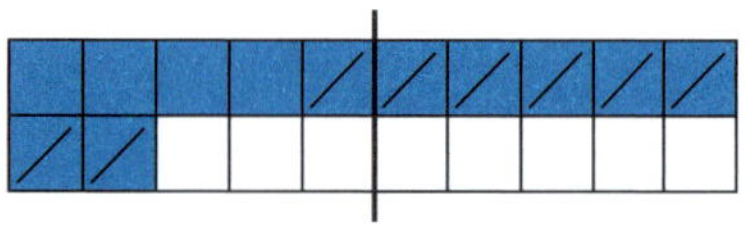

12 – 8 = ___
12 – 2 – 6 = ___

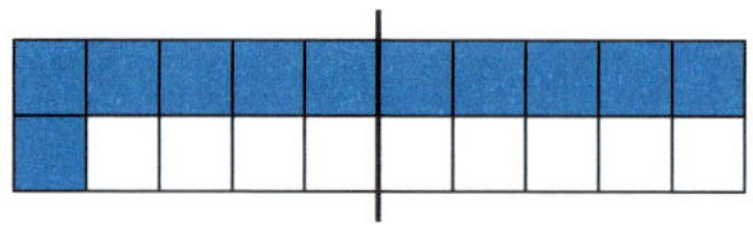

11 – 5 = ___
11 – 1 – ___ = ___

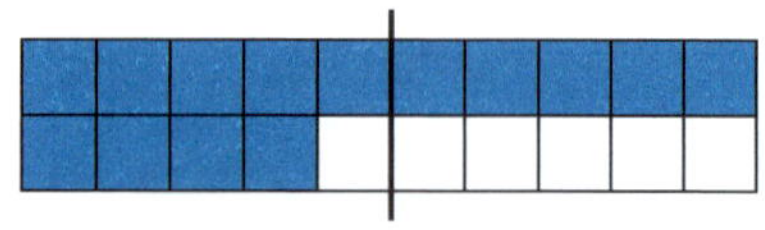

14 – 6 = ___
14 – ___ – ___ = ___

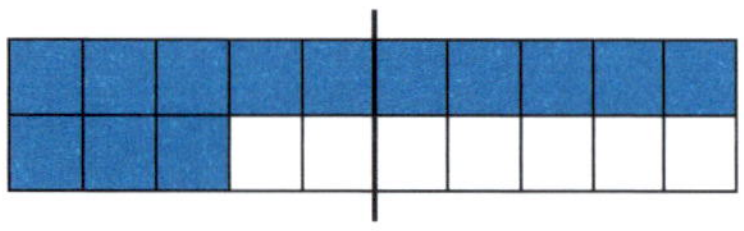

13 – 5 = ___
13 – ___ – ___ = ___

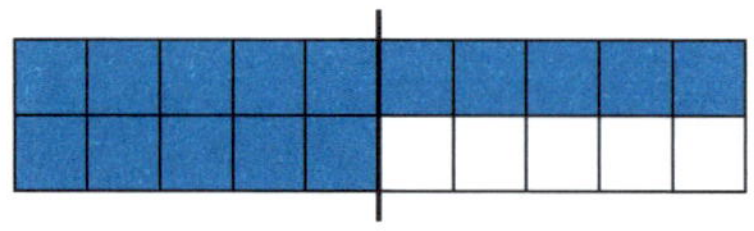

15 – 7 = ___
15 – ___ – ___ = ___

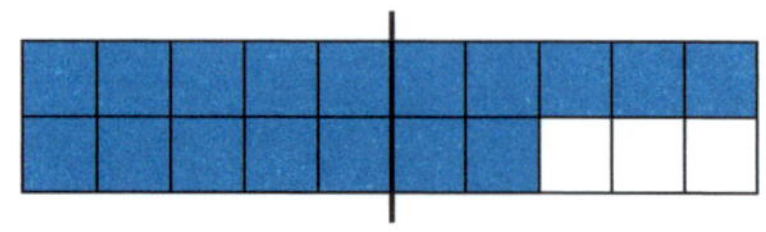

17 – 8 = ___
17 – ___ – ___ = ___

2 Immer erst bis zur 10.

15 – 6 = ___
15 – 5 – 1 = ___

13 – 6 = ___
13 – 3 – ___ = ___

11 – 7 = ___
11 – 1 – ___ = ___

12 – 5 = ___
___

11 – 6 = ___
___

15 – 6 = ___
___

11 – 4 = ___
___

13 – 7 = ___
___

16 – 8 = ___
___

12 – 6 = ___
___

14 – 5 = ___
___

12 – 7 = ___
___

13 – 8 = ___
___

3 Rechne. Wie geht es weiter?

18 – 10 = 8
17 – ___ = 8
16 – ___ = 8
___ – ___ = 8

15 – 9 = 6
14 – ___ = 5
13 – ___ = 4
___ – ___ = 3

10 – 1 = 9
11 – ___ = 9
12 – ___ = 9
___ – ___ = 9

16 – 11 = 5
___ – 12 = 5
___ – 13 = 5
___ – ___ = 5

Fredo 1 Mathematik – Arbeitsheft © 2015 Cornelsen Schulverlage GmbH, Berlin

1 Rechne mit dem gelben Koffer.

Rechne immer zuerst die untere Aufgabe.

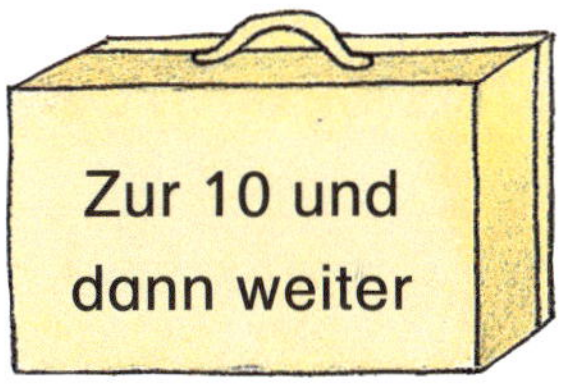

13 – 7 = ___ 17 – 9 = ___
13 – ___ – ___ = ___ 17 – ___ – ___ = ___

14 – 6 = ___ 15 – 8 = ___
14 – ___ – ___ = ___ 15 – ___ – ___ = ___

2 Rechne mit dem rosa Koffer.

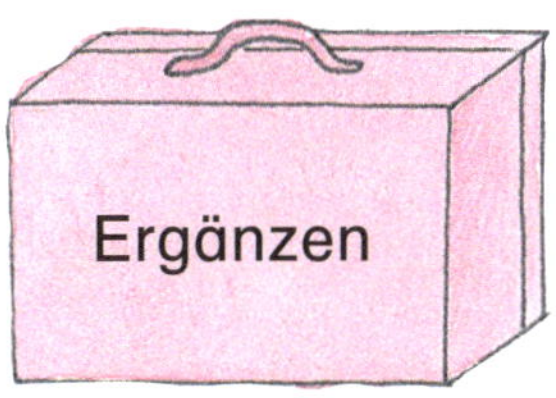

14 – 9 = ___ 12 – 7 = ___ 11 – 6 = ___
9 + ___ = 14 7 + ___ = 12 6 + ___ = 11

13 – 6 = ___ 15 – 9 = ___ 13 – 8 = ___
6 + ___ = ___ 9 + ___ = ___ 8 + ___ = ___

3 Rechne mit dem grünen Koffer.

15 – 9 = ___ 12 – 9 = ___
15 – 10 (+) 1 = ___ 12 – ___ ◯ ___ = ___

16 – 9 = ___ 14 – 9 = ___
16 – ___ ◯ ___ = ___ 14 – ___ ◯ ___ = ___

4 Rechne wie Fredo.

Ich denke an die Verdopplungsaufgaben.

14 – 8 = ___ 16 – 9 = ___
14 – 7 (–) 1 = ___ 16 – ___ ◯ ___ = ___

17 – 8 = ___ 15 – 7 = ___
16 – 8 (+) 1 = ___ ___ – ___ ◯ ___ = ___

Fredo 1 Mathematik – Arbeitsheft © 2015 Cornelsen Schulverlage GmbH, Berlin

1 Streiche durch und rechne.

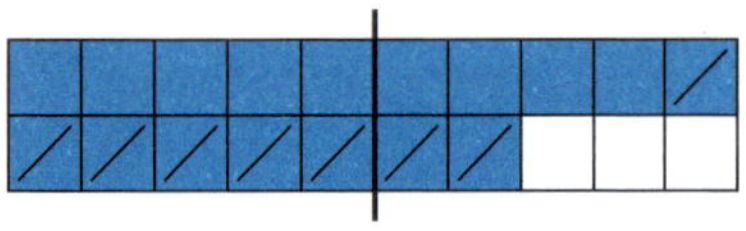

17 – 8 = ___

17 – 7 – 1 = ___

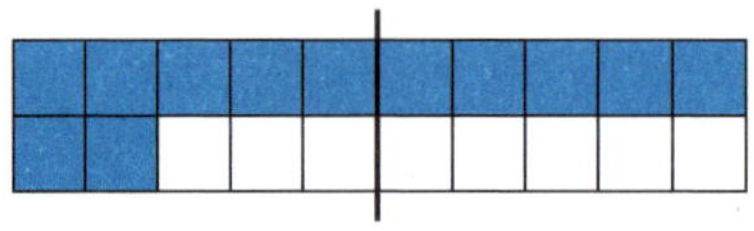

12 – 5 = ___

12 – 2 – ___ = ___

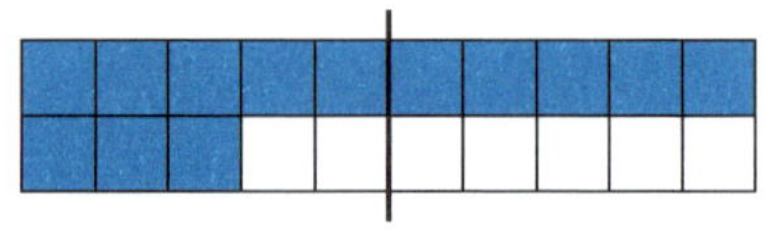

13 – 6 = ___

13 – ___ – ___ = ___

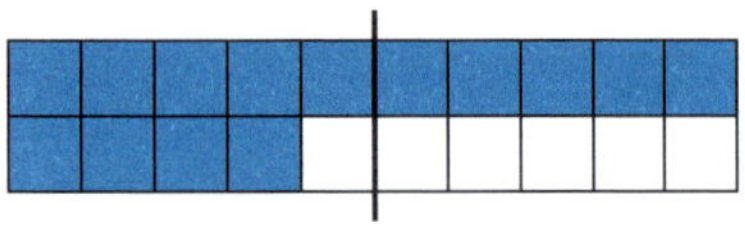

14 – 7 = ___

14 – ___ – ___ = ___

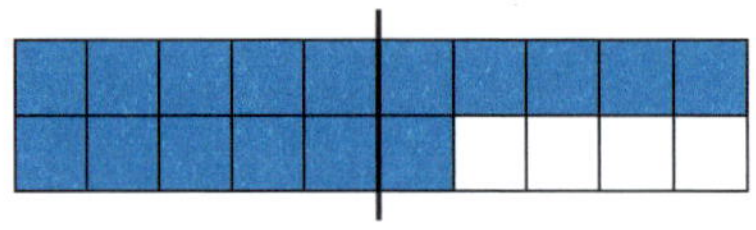

16 – 9 = ___

16 – ___ – ___ = ___

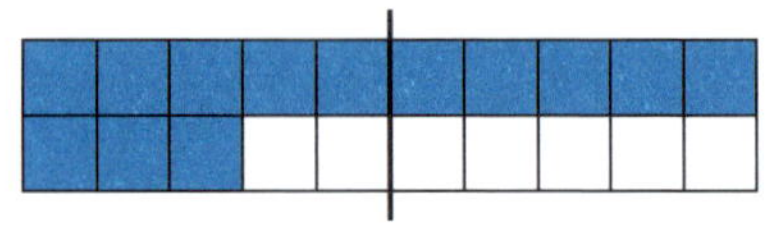

13 – 8 = ___

13 – ___ – ___ = ___

2 Rechne auf deinem Weg.

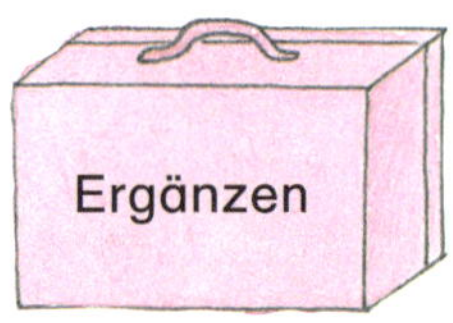

1	7	–	9	=				

1	3	–	6	=				

1	1	–	4	=				

1	8	–	9	=				

1	5	–	7	=				

1	6	–	7	=				

1	2	–	5	=				

1	4	–	8	=				

Fredo 1 Mathematik – Arbeitsheft © 2015 Cornelsen Schulverlage GmbH, Berlin

3 Tintenkleckse: Welche Zahlen sind versteckt?

12 − ■ = 9

17 − ■ = 9

15 − ■ = 6

16 − ■ = 8

14 − ■ = 7

18 − ■ = 9

11 − ■ = 5

13 − ■ = 6

15 − ■ = 7

12 − ■ = 5

4 Rechenrätsel

Ich denke mir eine Zahl. Ich nehme 6 weg und erhalte 5.

___ ◯ ___ = ___

Ich denke mir eine Zahl. Ich nehme 9 weg und erhalte 7.

___ ◯ ___ = ___

Ich denke mir eine Zahl. Ich nehme 8 weg und erhalte 4.

___ ◯ ___ = ___

Ich denke mir eine Zahl. Ich nehme 5 weg und erhalte 7.

___ ◯ ___ = ___

Fredo 1 Mathematik – Arbeitsheft © 2015 Cornelsen Schulverlage GmbH, Berlin

Entdeckerpäckchen 1

SB S. 98

1 Rechne und schreibe.

5 + 1 = ____
5 + 2 = ____
5 + 3 = ____
5 + 4 = ____

Die erste Zahl ______________________________.
Die zweite Zahl ______________________________.
Das Ergebnis ______________________________.

3 + 6 = ____
4 + 5 = ____
5 + 4 = ____
6 + 3 = ____

Die erste Zahl ______________________________.
Die zweite Zahl ______________________________.
Das Ergebnis ______________________________.

2 Rechne und ordne zu.

5 + 3 = ____	4 + 12 = ____	6 + 6 = ____
6 + 3 = ____	4 + 10 = ____	5 + 7 = ____
7 + 3 = ____	4 + 8 = ____	4 + 8 = ____
8 + 3 = ____	4 + ___ = ____	___ + ___ = ____

Die erste Zahl wird um 1 kleiner.
Die zweite Zahl wird um 1 größer.
Das Ergebnis bleibt gleich.

Die erste Zahl wird um 1 größer.
Die zweite Zahl bleibt gleich.
Das Ergebnis wird um 1 größer.

Die erste Zahl bleibt gleich.
Die zweite Zahl wird um 2 kleiner.
Das Ergebnis wird um 2 kleiner.

3 Finde zu dem Text ein passendes Aufgabenpäckchen.

Die erste Zahl wird um 2 größer.
Die zweite Zahl wird um 1 kleiner.
Das Ergebnis ______________________________.

____ + ____ = ____
____ + ____ = ____
____ + ____ = ____
____ + ____ = ____

Fredo 1 Mathematik – Arbeitsheft © 2015 Cornelsen Schulverlage GmbH, Berlin

Entdeckerpäckchen 2

SB S. 99

1 Rechne und schreibe.

18 – 7 = ____
18 – 6 = ____
18 – 5 = ____
18 – 4 = ____

Die erste Zahl ______________________________.
Die zweite Zahl ______________________________.
Das Ergebnis ______________________________.

17 – 6 = ____
16 – 5 = ____
15 – 4 = ____
14 – 3 = ____

Die erste Zahl ______________________________.
Die zweite Zahl ______________________________.
Das Ergebnis ______________________________.

2 Rechne und ordne zu.

12 – 6 = ____
13 – 6 = ____
14 – 6 = ____
15 – 6 = ____

16 – 5 = ____
16 – 6 = ____
16 – 7 = ____
16 – ___ = ____

12 – 4 = ____
13 – 5 = ____
14 – 6 = ____
15 – ___ = ____

Die erste Zahl bleibt gleich.
Die zweite Zahl wird um 1 größer.
Das Ergebnis wird um 1 kleiner.

Die erste Zahl wird um 1 größer.
Die zweite Zahl bleibt gleich.
Das Ergebnis wird um 1 größer.

Die erste Zahl wird um 1 größer.
Die zweite Zahl wird um 1 größer.
Das Ergebnis bleibt gleich.

3 Finde zu dem Text ein passendes Aufgabenpäckchen.

Die erste Zahl wird um 2 größer.
Die zweite Zahl wird um 1 kleiner.
Das Ergebnis ____________________.

____ – ____ = ____
____ – ____ = ____
____ – ____ = ____
____ – ____ = ____

Fredo 1 Mathematik – Arbeitsheft © 2015 Cornelsen Schulverlage GmbH, Berlin

Rechengeschichten – Im Garten

SB S. 100, 101

1 Welche Fragen kannst du sicher mithilfe des Bildes beantworten? Kreuze an.

- ☐ Wie viele  stehen im Garten?
- ☐ Welches Gemüse wächst im Garten?
- ☐ Wie viele  sind morgen im Beet?
- ☐ Welche Farben haben die  ?
- ☐ Warum krabbeln die  weg?

2 Was gehört zusammen? Verbinde.

11 + 8 = ___

9 + 7 = ___

5 – 4 = ___

6 + 4 = ___

5 + 3 = ___

14 – 4 = ___

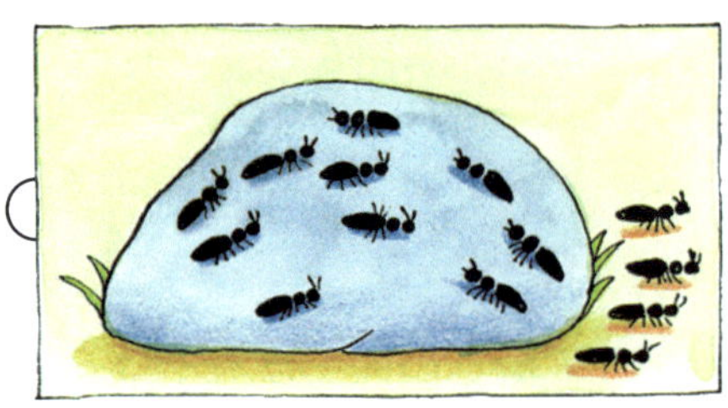

Male Bilder zu den beiden übrigen Aufgaben.

Fredo 1 Mathematik – Arbeitsheft © 2015 Cornelsen Schulverlage GmbH, Berlin

Die Uhr

SB S. 102, 103

1 Wie spät ist es? Ergänze.

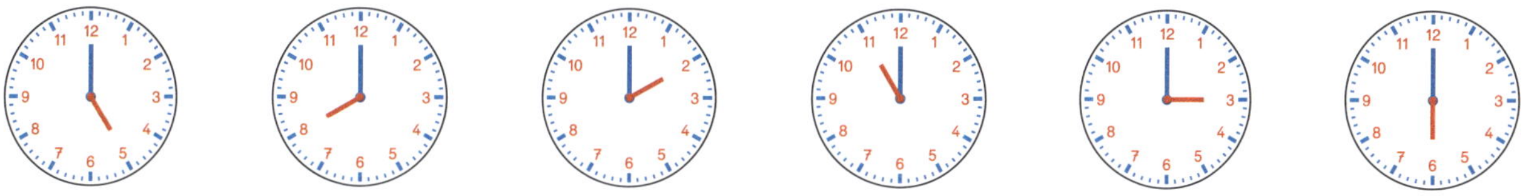

____ Uhr	____ Uhr	____ Uhr	____ Uhr	____ Uhr	____ Uhr
____ Uhr	____ Uhr	____ Uhr	____ Uhr	____ Uhr	____ Uhr

2 Trage die Zeiger ein.

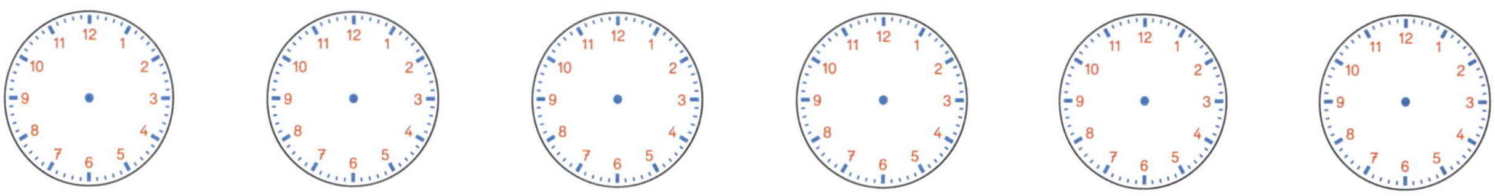

13 Uhr	4 Uhr	19 Uhr	10 Uhr	24 Uhr	9 Uhr

3 Welche Uhrzeit passt? Verbinde.

18 Uhr | 13 Uhr | 7 Uhr | 21 Uhr | 16 Uhr | 9 Uhr

Fredo 1 Mathematik – Arbeitsheft © 2015 Cornelsen Schulverlage GmbH, Berlin

Zeitspannen

1 Wie spät ist es nun?

___ Uhr — 1 Stunde → ___ Uhr

___ Uhr — 1 Stunde → ___ Uhr

___ Uhr — 2 Stunden → ___ Uhr

2 Wie lange dauert es?

___ Uhr — ___ Stunden → ___ Uhr

___ Uhr — ___ Stunden → ___ Uhr

___ Uhr — ___ Stunden → ___ Uhr

3 Ergänze, was fehlt.

___ Uhr — ___ Stunden → ___ Uhr

___ Uhr — 4 Stunden → 20 Uhr

6 Uhr — 6 Stunden → ___ Uhr

4 Ergänze, was fehlt.

___ Uhr — 6 Stunden → ___ Uhr

___ Uhr — 4 Stunden → ___ Uhr

20 Uhr — 8 Stunden → ___ Uhr

Fredo 1 Mathematik – Arbeitsheft © 2015 Cornelsen Schulverlage GmbH, Berlin

Kannst du das? 6

1 Tauschaufgaben finden

8 + ___ = 12	7 + ___ = 15	6 + ___ = 14	5 + ___ = 11
___ + 8 = 12	___ + ___ = ___	___ + ___ = ___	___ + ___ = ___

2 Umkehraufgaben finden

14 − 7 = ___	13 − 6 = ___	8 + 7 = ___	9 + 8 = ___
___ + 7 = 14	___ ◯ ___ = ___	___ − 7 = 8	___ ◯ ___ = ___

3 Minusaufgaben lösen

16 − 7 =

11 − 8 =

12 − 5 =

17 − 9 =

4 Zu Bildern passende Aufgaben finden

9 − 4 = ___	3 + 2 = ___	7 − 3 = ___	6 + 2 = ___

5 Uhrzeiten bestimmen und Zeitspannen berechnen

 ___ Uhr → ___ Stunden →  ___ Uhr

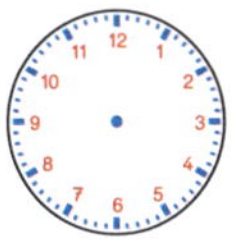 ___ Uhr → 3 Stunden → 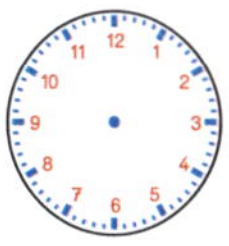 22 Uhr

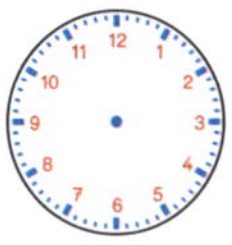 5 Uhr → 5 Stunden →  ___ Uhr

Fredo 1 Mathematik – Arbeitsheft © 2015 Cornelsen Schulverlage GmbH, Berlin

Fredo im Zoo

SB S. 106, 107

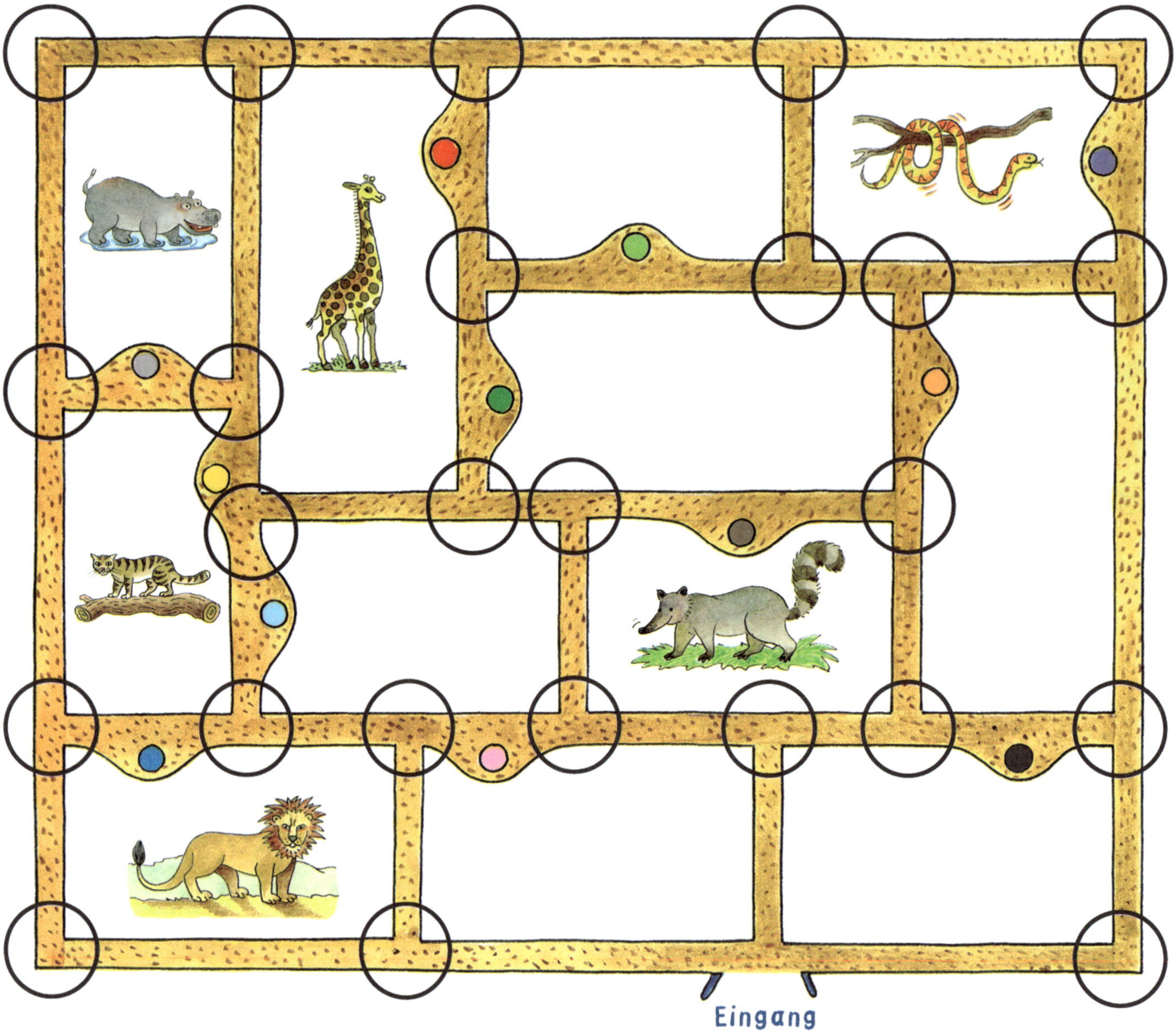

1 Schneide die Tiere aus. Lege zuerst, klebe dann.

 rechts von 

 zwischen  und 

 links von 

 rechts von 

 zwischen  und 

 links von 

Fredo 1 Mathematik – Arbeitsheft © 2015 Cornelsen Schulverlage GmbH, Berlin

2 Welche Tiere besucht Fredo im Zoo? Male oder schreibe.

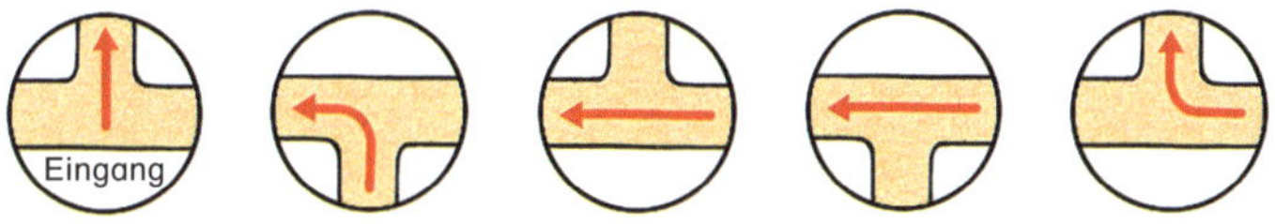

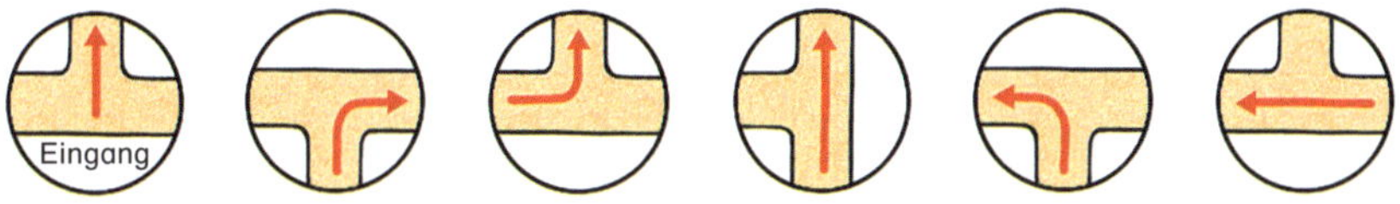

Überlege dir eigene Wege. Lege sie mit den Pfeilen.
Findet dein Partner das richtige Tier?

3 Suche den kürzesten Weg.

Du?

4 Suche den kürzesten Weg.

Fredo 1 Mathematik – Arbeitsheft © 2015 Cornelsen Schulverlage GmbH, Berlin

1

12	15	13	18
□ □	□ □	□ □	□ □
3 2 5	1 5 4	3 3 4	4 5 4

□	□	□	□
□ □	□ □	□ □	□ □
6 2 4	10 2 5	5 3 9	1 7 2

2

□	□	14	20
□ 9	5 6	8 □	15 □
3 □ 2	□ 2 □	□ □ 3	□ 4 □

□	19	□	□
8 9	□ 8	6 □	7 8
5 □ □	5 □ □	0 □ 3	□ □ 5

3 Der niedrigste Zielstein gewinnt. Setze die Zahlen passend ein.

□	□	□
□ □	□ □	□ □
□ □ □	□ □ □	□ □ □

4 Baue die Rechenmauern richtig auf.

9 3 14 6 2 5

7 19 3 8 4 12

□	□
□ □	□ □
□ □ □	□ □ □

Fredo 1 Mathematik – Arbeitsheft © 2015 Cornelsen Schulverlage GmbH, Berlin

1 Hier fehlen Würfel. Zusammen sind es immer 20 Würfel.

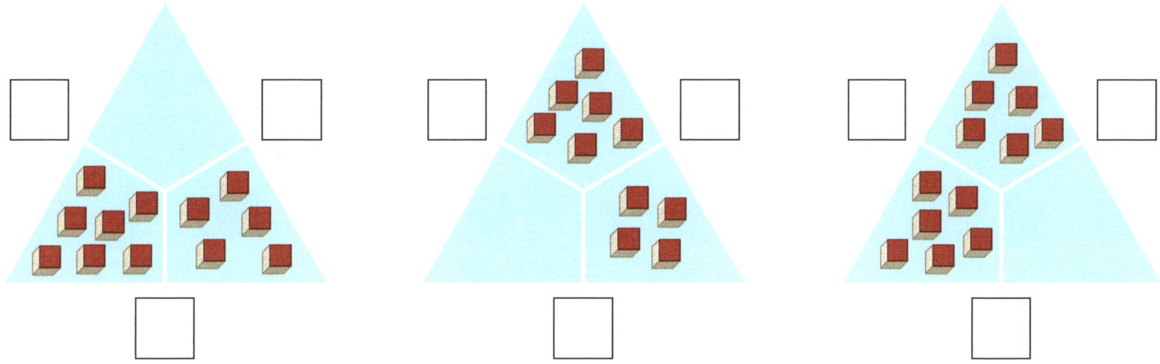

2 Innenzahlen: Zusammen sind es immer 20.

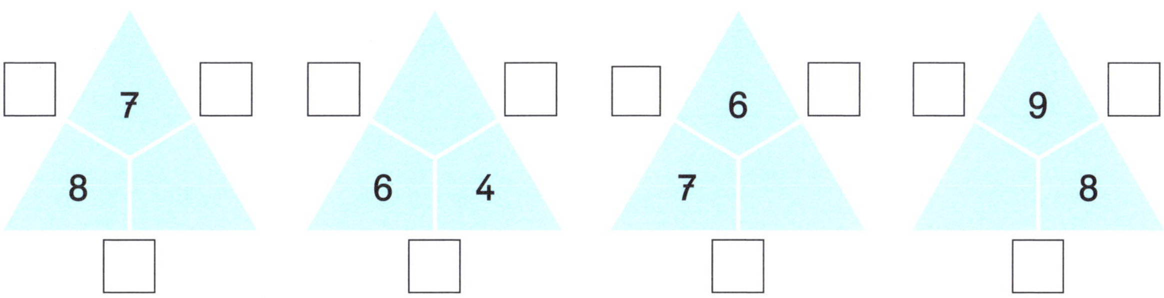

3 Rechne.

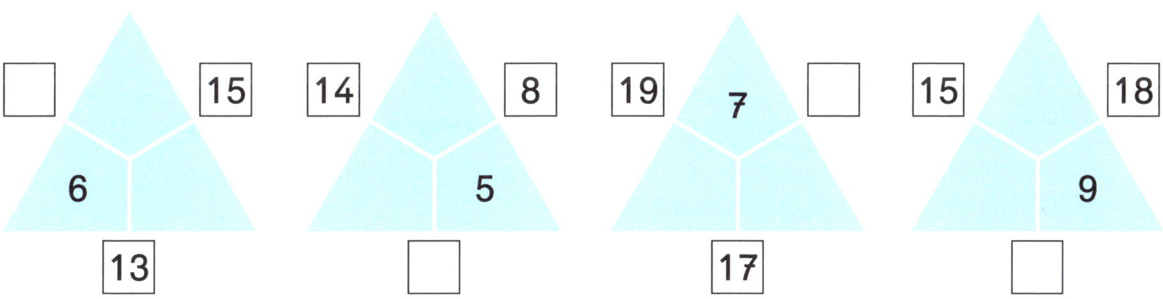

4 Trage die 6 Zahlen passend ein.

2	3	4	5	6	7

2	5	7	8	10	13

1	3	4	6	7	9

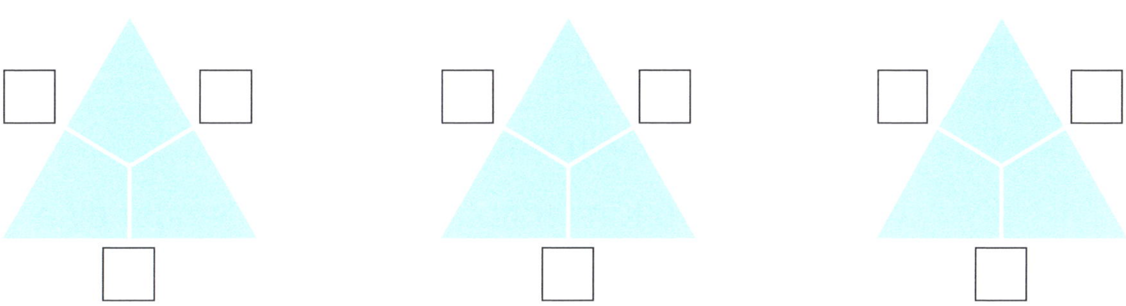

Fredo 1 Mathematik – Arbeitsheft © 2015 Cornelsen Schulverlage GmbH, Berlin

 SB S. 112, 113

1 So viele Kinder der Klasse 1a haben Haustiere:

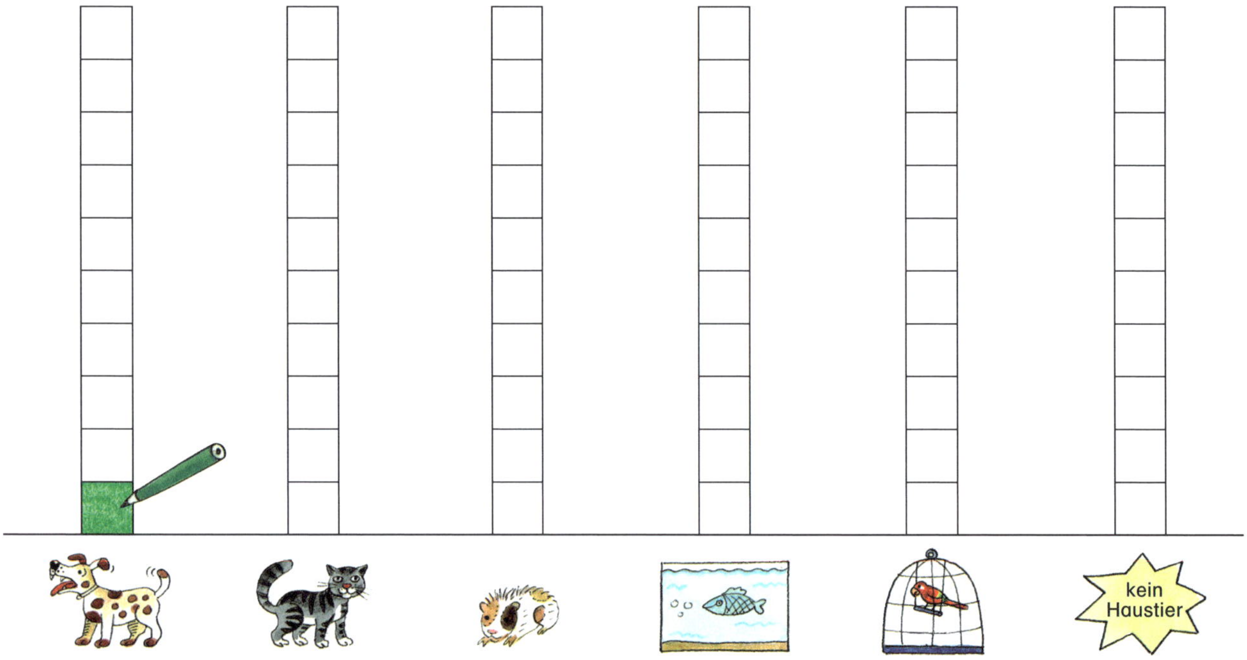

2 Richtig oder falsch? Kreuze an.

richtig	falsch	
☐	☐	6 Kinder haben eine .
☐	☐	4 Kinder haben .
☐	☐	Gleich viele Kinder haben ein  oder einen .
☐	☐	Mehr Kinder haben einen  als eine .

3 Richtig oder falsch? Kreuze an.

richtig	falsch	
☐	☐	21 Kinder haben ein Haustier.
☐	☐	Weniger als 10 Kinder haben einen  oder eine .
☐	☐	15 Kinder haben ein Tier mit 4 Beinen.

Fredo 1 Mathematik – Arbeitsheft © 2015 Cornelsen Schulverlage GmbH, Berlin

4 So viele Kinder der Klasse 1b haben Haustiere.
Erstelle eine Strichliste.

						kein Haustier

5 Beantworte die Fragen.

Wie viele  haben einen  ? ________

Wie viele  haben eine  ? ________

Wie viele   haben ein  ? ________

Wie viele   haben kein Haustier ? ________

6 Beantworte die Fragen.

Wie viele  haben ein Haustier? ________

Wie viele  haben ein Haustier? ________

Wie viele   sind in dieser Klasse? ________

Fredo 1 Mathematik – Arbeitsheft © 2015 Cornelsen Schulverlage GmbH, Berlin

SB S. 114, 115

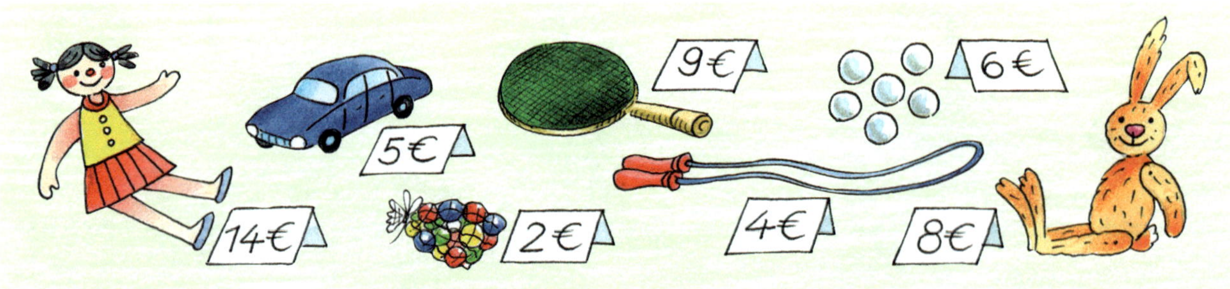

1 Ergänze, was fehlt.

	hat	kauft	bekommt zurück
 Jana	5 € 2 2 9 €	 €	
 Emilio	10 € ___ €	 €	
 Tobi	5 € 5 € 5 € ___ €	  € €	
 Olga	10 € 10 € ___ €	  € €	

2 Was wurde gekauft? Rechne und male.

	hat	kauft	bekommt zurück
 Kim	  ___ €	€ €	 
 Noemi	   ___ €	€ €	

Fredo 1 Mathematik – Arbeitsheft © 2015 Cornelsen Schulverlage GmbH, Berlin

SB S. 116

1 Ergänze passend.

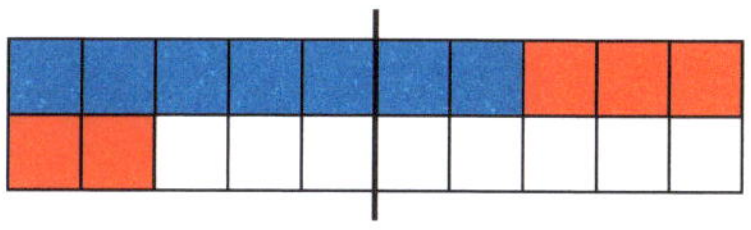 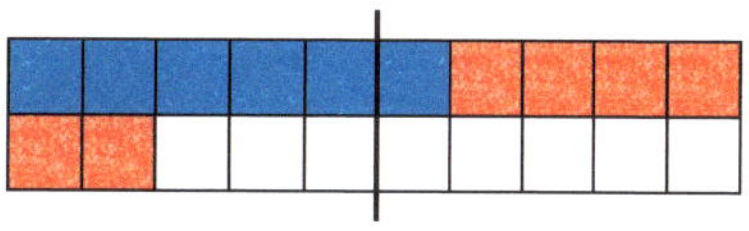

7 + 5 = 6 + ___

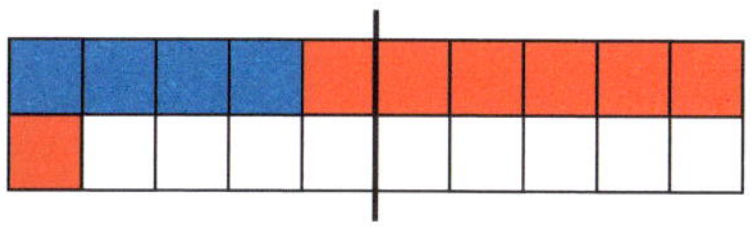 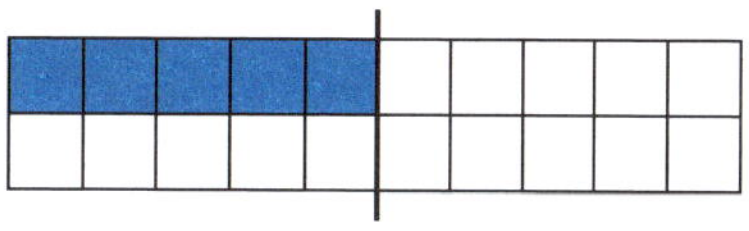

4 + 7 = 5 + ___

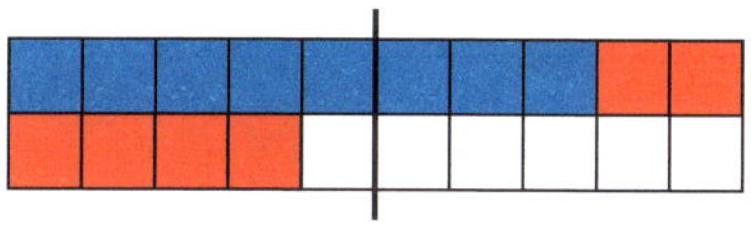 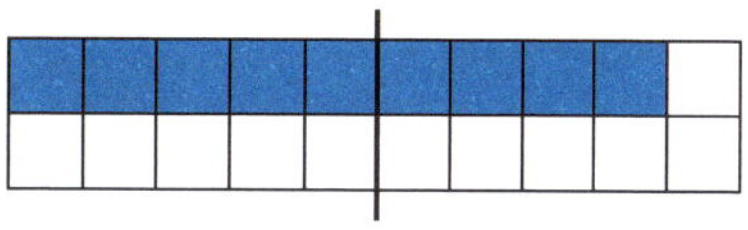

8 + 6 = 9 + ___

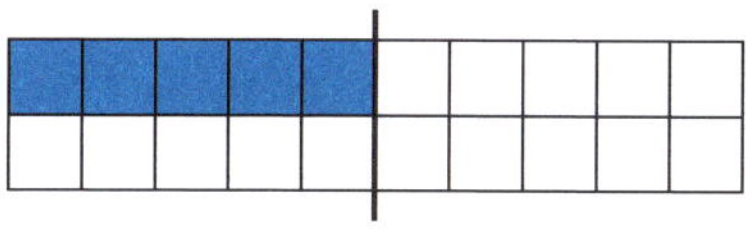 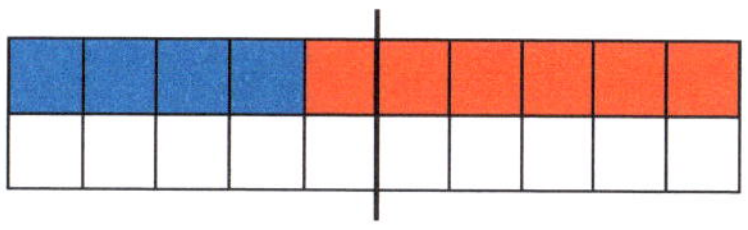

5 + ___ = 4 + 6

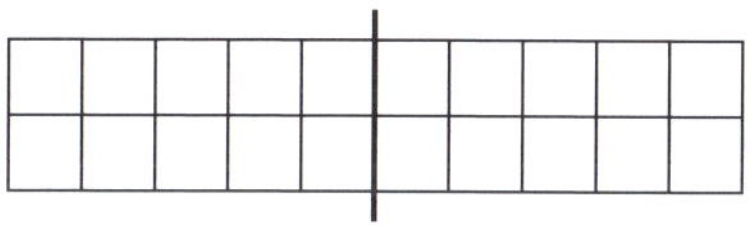 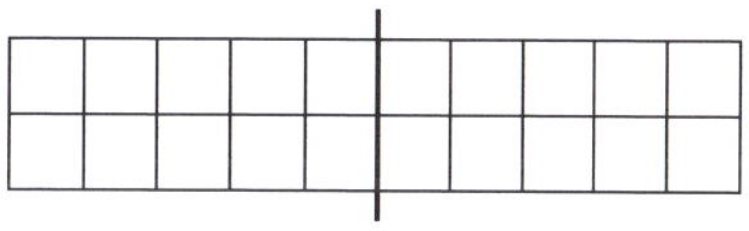

___ + ___ = ___ + ___

2 Welche Karte passt?
Trage ein und streiche die Karte durch.

0 1 2 3 4 5 6 7 8 9 10 11

3 + 6 = 4 + ___	8 + ___ = 7 + 9	___ + 6 = 9 + 7
5 + 8 = ___ + 7	___ + 8 = 6 + 6	9 + ___ = 4 + 6
7 + 4 = 8 + ___	9 + ___ = 8 + 8	___ + 9 = 6 + 3
1 + 9 = ___ + 8	___ + 1 = 3 + 9	3 + ___ = 5 + 7

Fredo 1 Mathematik – Arbeitsheft © 2015 Cornelsen Schulverlage GmbH, Berlin

SB S. 117

1 Vergleiche: (>) oder (<)?

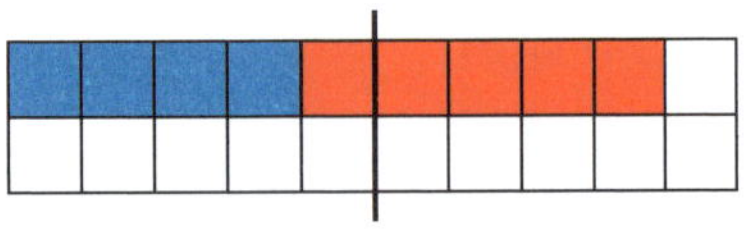
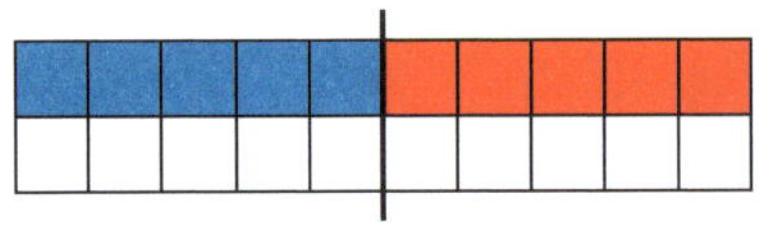

4 + 5 ◯ 5 + 5

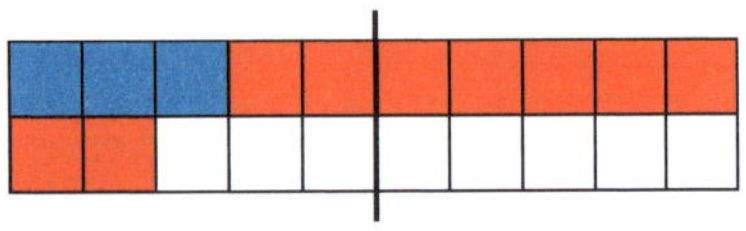
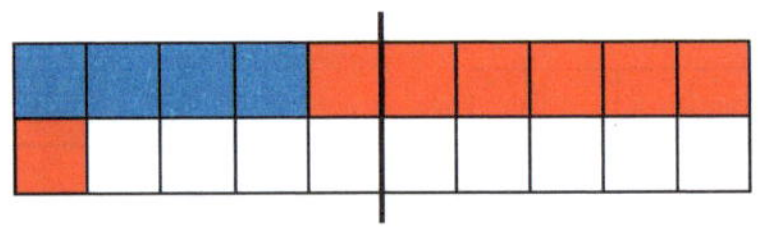

3 + 9 ◯ 4 + 7

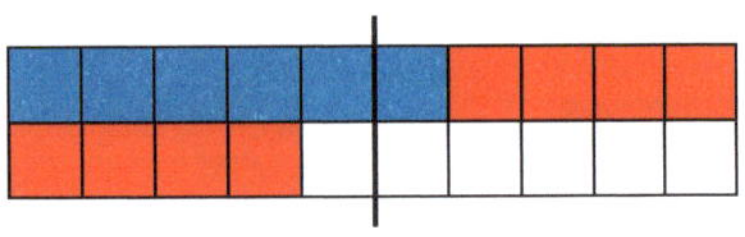
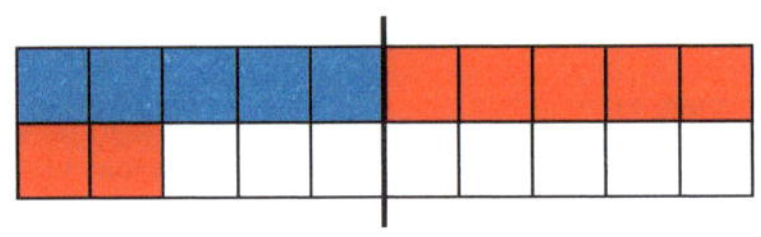

6 + 8 ◯ 5 + 7

2 Stimmt das? Kontrolliere.

4 + 7 > 4 + 8 f	7 + 3 < 8 + 3	9 + 2 < 7 + 3
6 + 0 < 6 + 1	4 + 6 < 5 + 6	6 + 6 > 8 + 8
5 + 5 > 5 + 6	3 + 8 > 4 + 9	9 + 7 > 7 + 9

3 Welche Karte passt? Trage ein.

9 + 8 < 9 + ☐ — 7 8 9

7 + 5 > ☐ + 7 — 4 6 5

☐ + 8 < 3 + 8 — 4 1 3

10 + 8 < ☐ + 7 — 12 10 11

3 + 14 > ☐ + 14 — 2 3 4

☐ + 11 > 6 + 11 — 5 6 7

4 Hier fehlen Zahlen. Ergänze eine passende Zahl.

6 + 9 (=) 8 + ___	18 + ___ (>) 11 + 8	17 + ___ (=) 8 + ___
7 + 8 (>) 6 + ___	5 + 15 (>) ___ + 19	17 + ___ (>) 8 + ___
16 + 3 (<) 15 + ___	___ + 8 (=) 12 + 5	17 + ___ (>) 8 + ___
9 + 9 (=) 7 + ___	13 + 4 (<) 11 + ___	17 + ___ (>) 8 + ___

Fredo 1 Mathematik – Arbeitsheft © 2015 Cornelsen Schulverlage GmbH, Berlin

Auf in den Urlaub

SB S. 120, 121

1 Kreuze die richtige Rechenfrage an. Rechne.

Justus hat 5 Müsli-Riegel im Rucksack.
Bei der ersten Pause isst er 2 Riegel.

☐ Wie viele Riegel hat Jette noch?

☐ Wie viele Riegel hat Justus noch?

2 Beantworte alle Fragen. Wo musst du rechnen? Kreuze an.

Justus und Jette werfen Ringe.
Justus hat schon 13 Punkte.
Jette hat 4 Punkte weniger.

☐ Wie viele Punkte hat Justus?

____

☐ Wie viele Punkte hat Jette weniger?

____

☐ Wie viele Punkte hat Jette?

____

3 Beantworte alle Fragen. Wo musst du rechnen? Kreuze an.

Emine und Kim backen Sandkuchen.
Emine hat schon 14 Kuchen. Kim hat erst halb so viele.

☐ Wie viele Kuchen hat Kim gebacken?

____

☐ Wie viele Kuchen hat Emine gebacken?

____

☐ Wie viele Kuchen haben sie zusammen gebacken?

____

Fredo 1 Mathematik – Arbeitsheft © 2015 Cornelsen Schulverlage GmbH, Berlin

SB S. 122, 123

1

Frage: Wie viel Euro muss Pia bezahlen?

Rechnung: __ € + __ € = __ €

Antwort: Pia muss __ € bezahlen.

2

Frage: Wie viel Euro bekommt Ali zurück?

Rechnung: ______________________

____

Antwort: Ali bekommt __ € zurück.

3

Frage: Reicht das Geld?

Rechnung: ______________________

____

Antwort: ______________________

____

Fredo 1 Mathematik – Arbeitsheft © 2015 Cornelsen Schulverlage GmbH, Berlin

Das habe ich im 1. Schuljahr gelernt

13 – 9 = ☐	8 + 6 = ☐	7 + ☐ = 14	16 – ☐ = 7
15 – 7 = ☐	5 + 7 = ☐	9 + ☐ = 15	13 – ☐ = 8
11 – 8 = ☐	4 + 9 = ☐	5 + ☐ = 13	17 – ☐ = 9
17 – 8 = ☐	6 + 6 = ☐	8 + ☐ = 12	14 – ☐ = 6
12 – 9 = ☐	3 + 8 = ☐	7 + ☐ = 16	12 – ☐ = 5
14 – 6 = ☐	7 + 4 = ☐	9 + ☐ = 17	15 – ☐ = 7

Am Baum hängen noch 5 Blätter. 3 liegen auf dem Felsen.

☐ ◯ ☐ = ☐

Fredo hatte 13 Äpfel. 8 Äpfel hat er schon gegessen. Wie viele Äpfel hat er noch übrig?

☐ ◯ ☐ = ☐

Fredo möchte heute insgesamt 15 Würmer essen. 7 hat er bereits gegessen.

☐ ◯ ☐ = ☐

Zahl	14	18	20	16	12	10	8	4	2	6
die Hälfte										

Fredo 1 Mathematik – Arbeitsheft © 2015 Cornelsen Schulverlage GmbH, Berlin

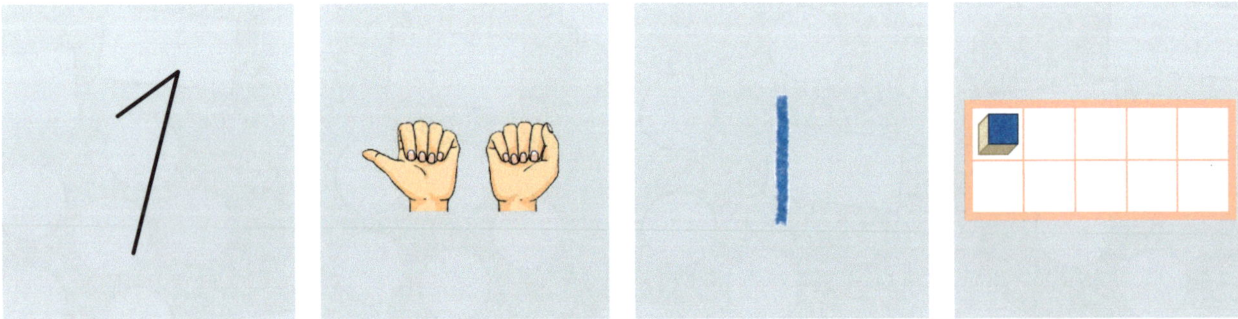

1 Spure nach und schreibe die Zahl.

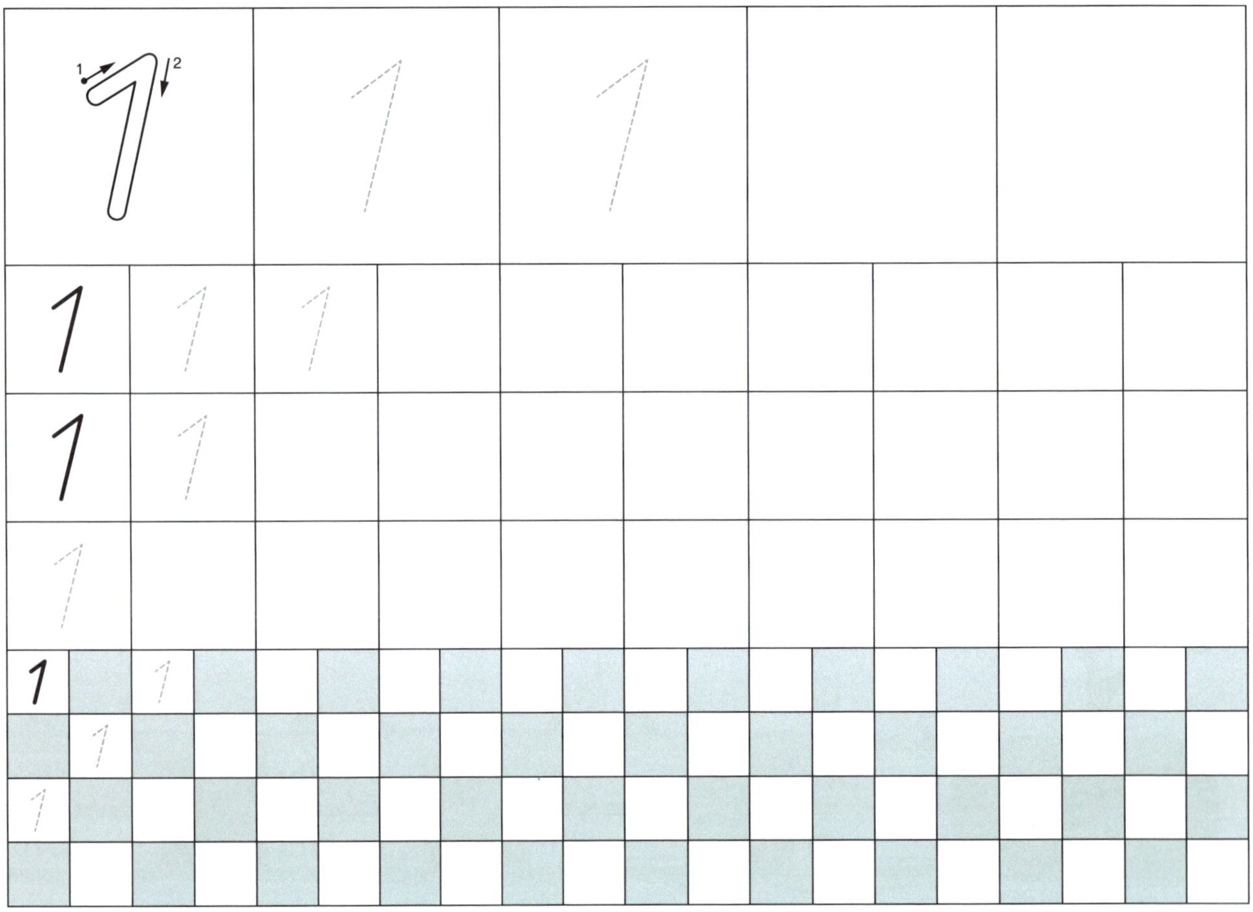

2 Passen alle Bilder? Streiche durch.

Fredo 1 Mathematik – Arbeitsheft © 2015 Cornelsen Schulverlage GmbH, Berlin

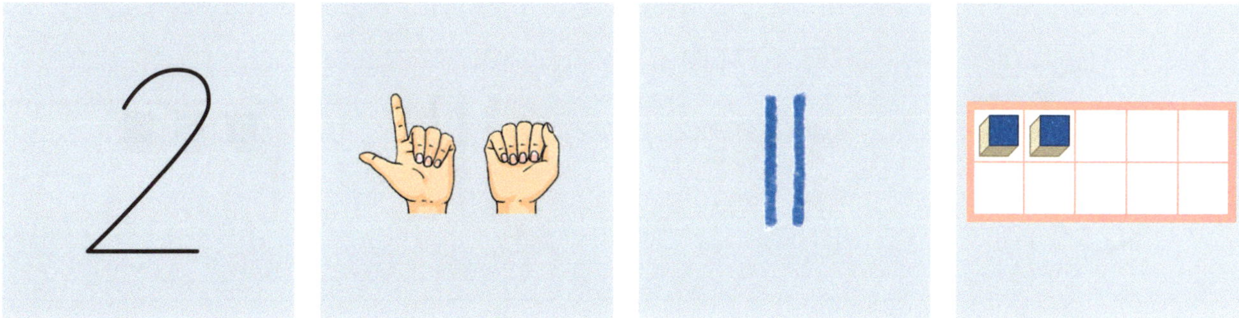

1 Spure nach und schreibe die Zahl.

2 Passen alle Bilder? Streiche durch.

Fredo 1 Mathematik – Arbeitsheft © 2015 Cornelsen Schulverlage GmbH, Berlin

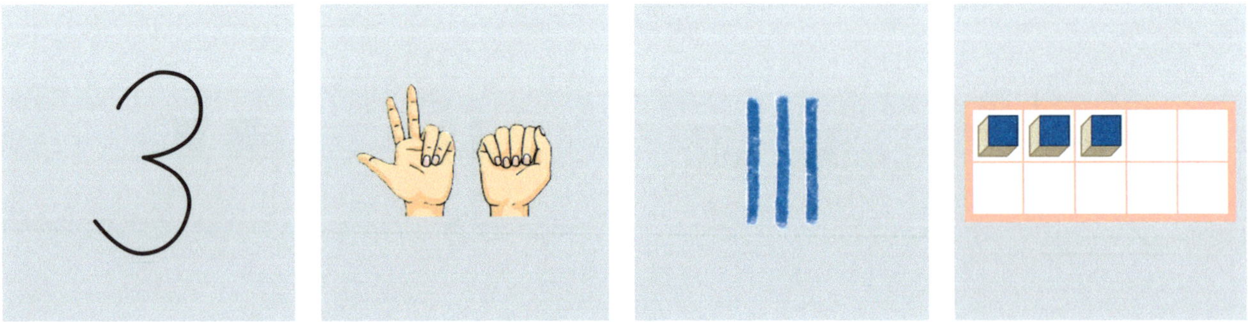

1 Spure nach und schreibe die Zahl.

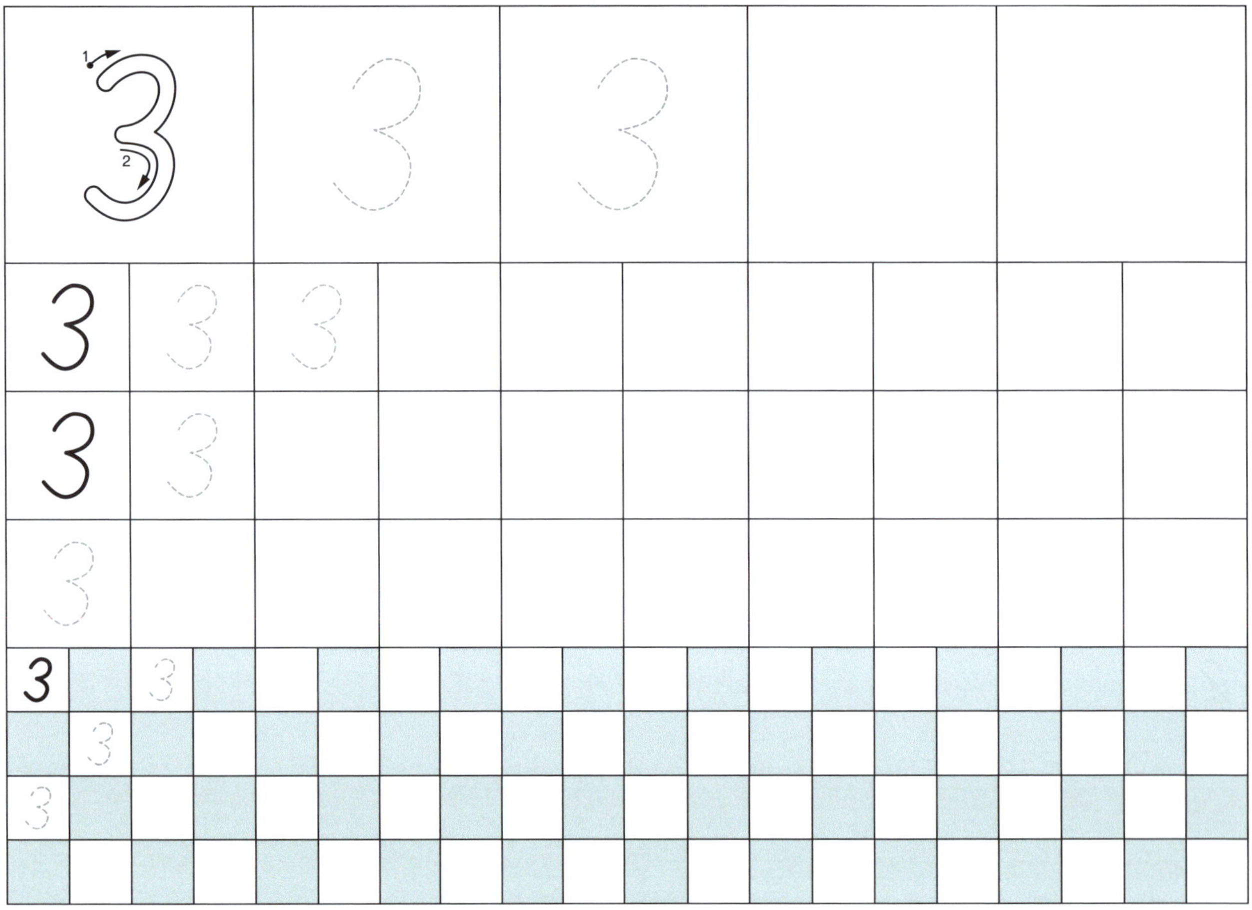

2 Passen alle Bilder? Streiche durch.

Fredo 1 Mathematik – Arbeitsheft © 2015 Cornelsen Schulverlage GmbH, Berlin

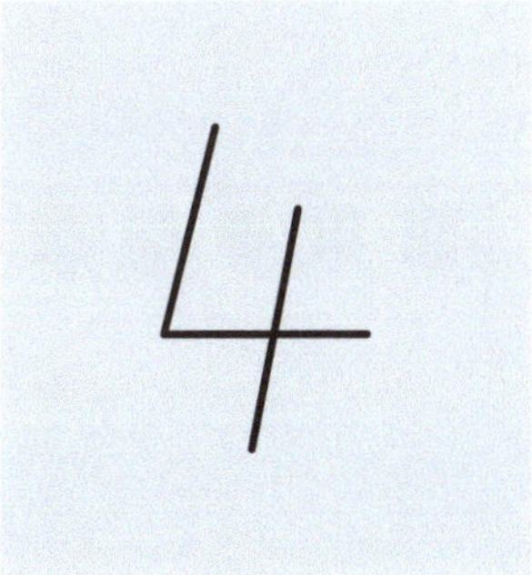

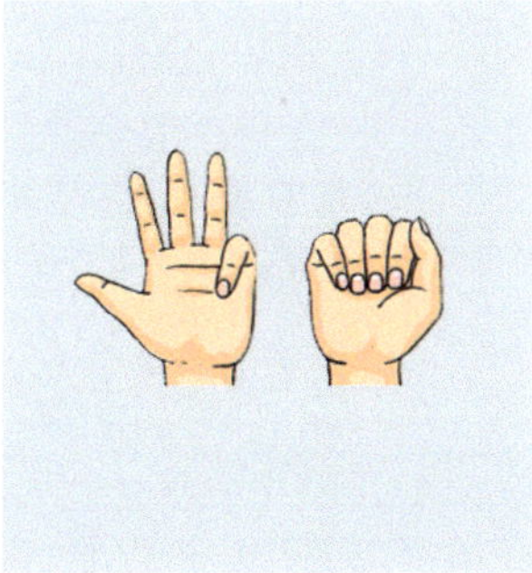

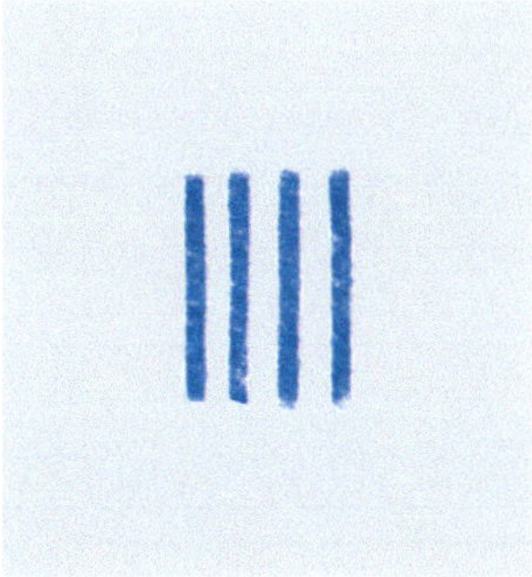

1 Spure nach und schreibe die Zahl.

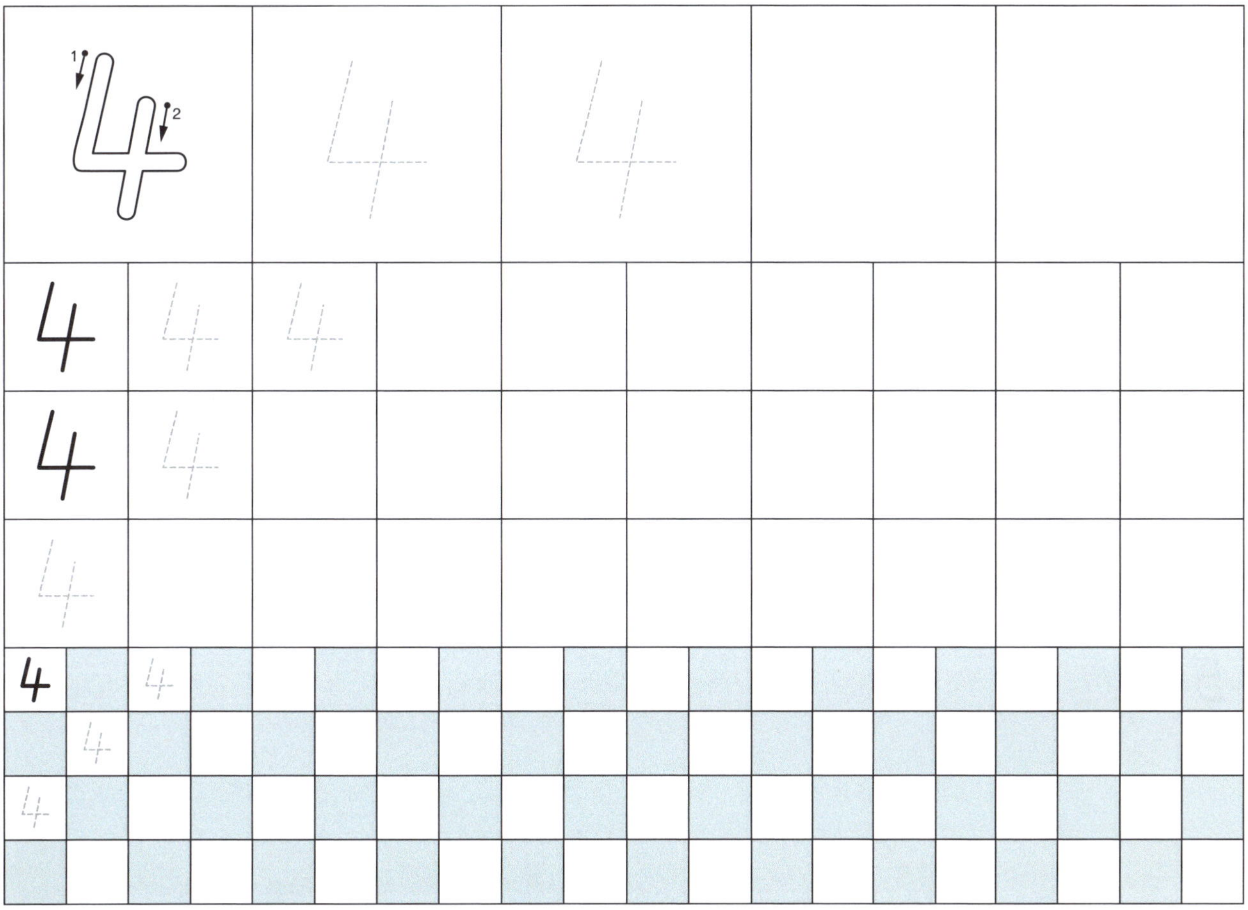

2 Passen alle Bilder? Streiche durch.

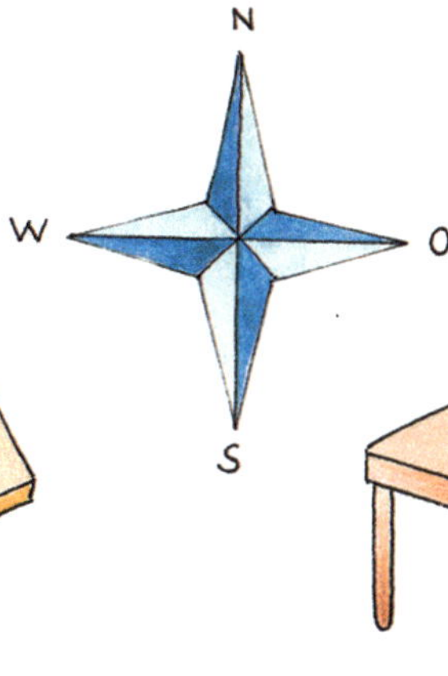

Fredo 1 Mathematik – Arbeitsheft © 2015 Cornelsen Schulverlage GmbH, Berlin

5

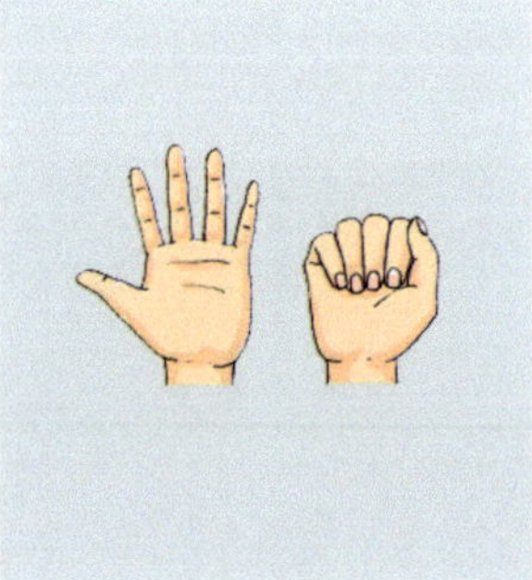

1 Spure nach und schreibe die Zahl.

2 Passen alle Bilder? Streiche durch.

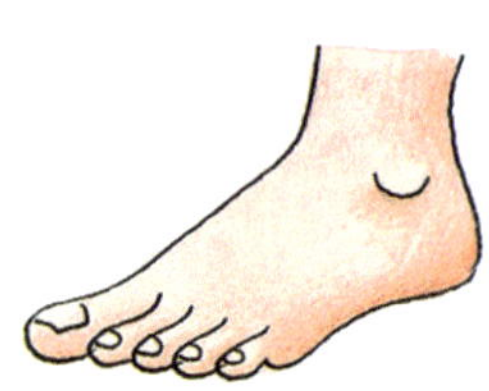

Fredo 1 Mathematik – Arbeitsheft © 2015 Cornelsen Schulverlage GmbH, Berlin

Ziffernschreibkurs: sechs

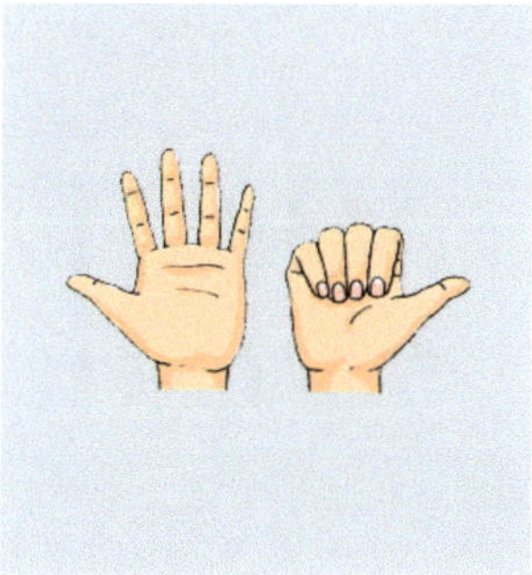

1 Spure nach und schreibe die Zahl.

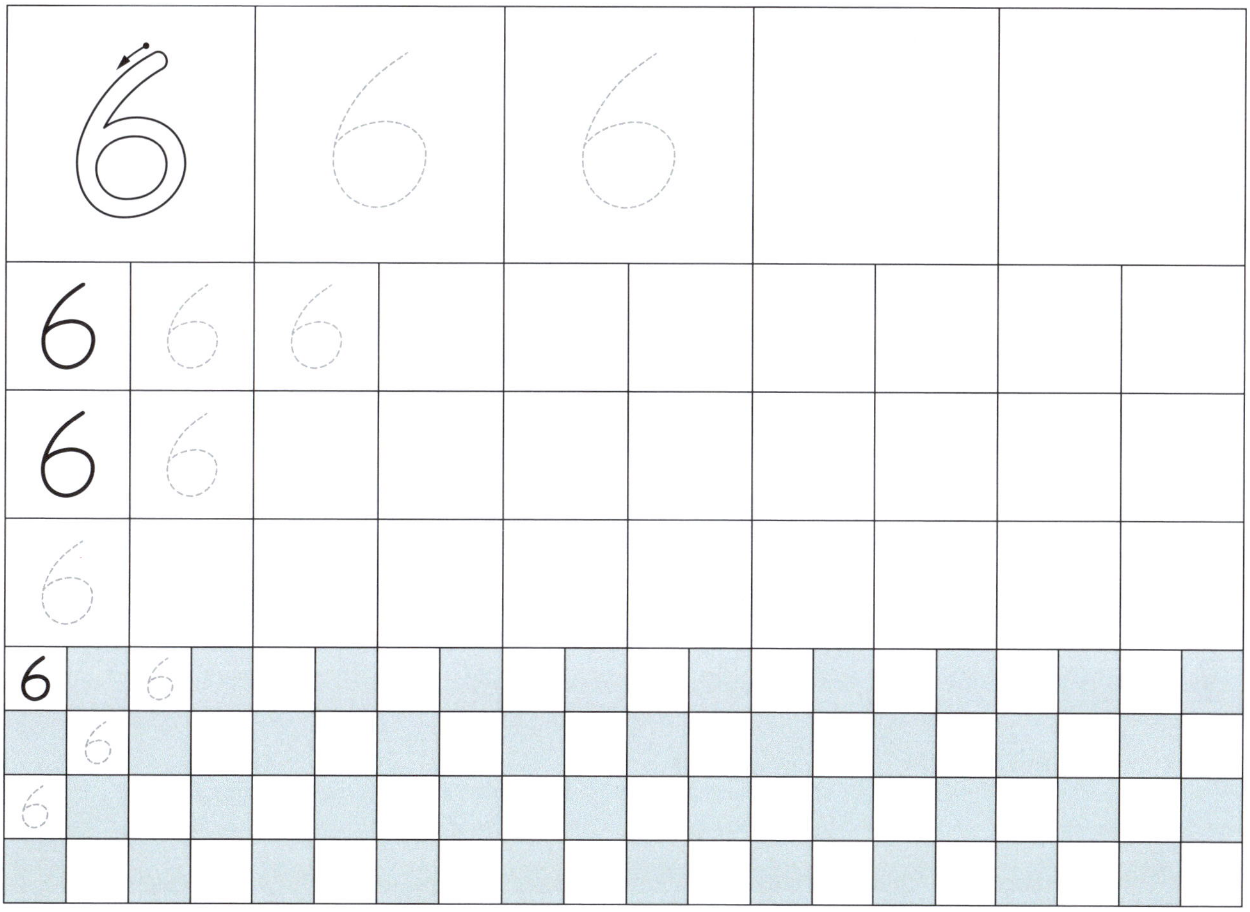

2 Passen alle Bilder? Streiche durch.

Fredo 1 Mathematik – Arbeitsheft © 2015 Cornelsen Schulverlage GmbH, Berlin

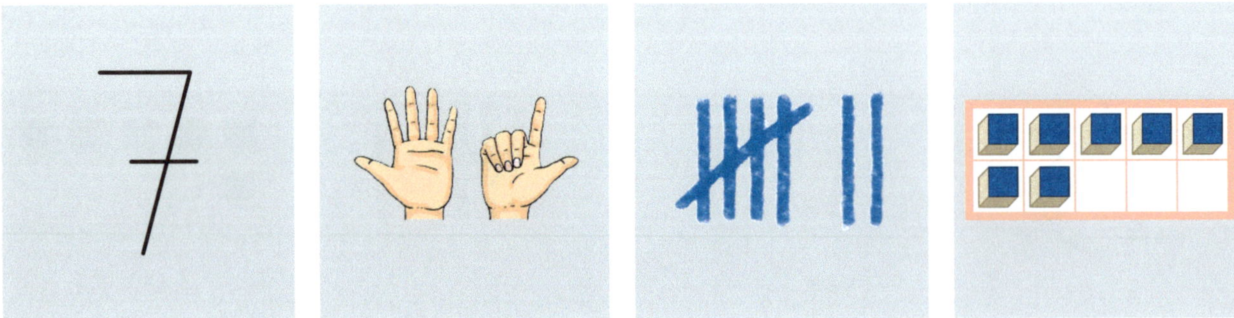

1 Spure nach und schreibe die Zahl.

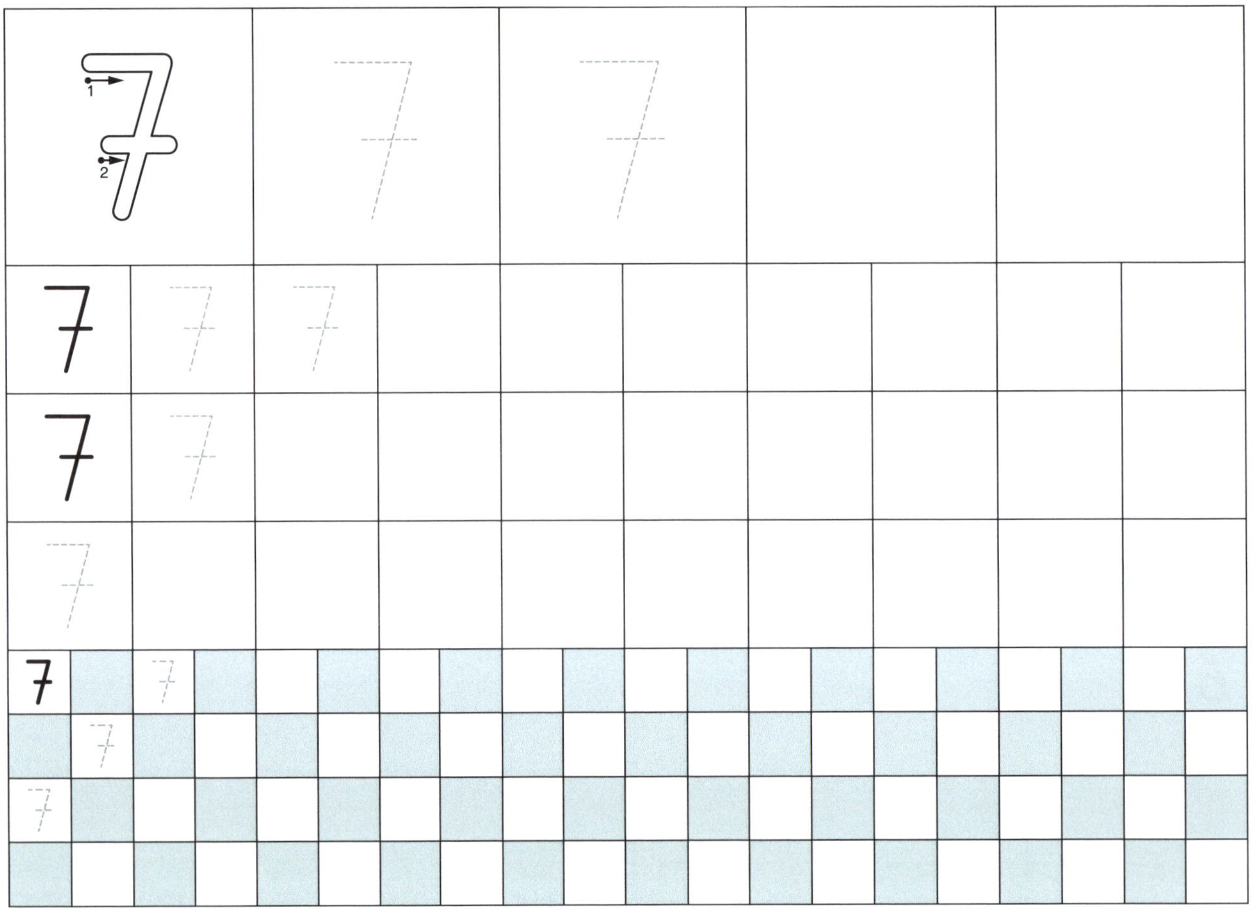

2 Passen alle Bilder? Streiche durch.

Fredo 1 Mathematik – Arbeitsheft © 2015 Cornelsen Schulverlage GmbH, Berlin

Ziffernschreibkurs: acht

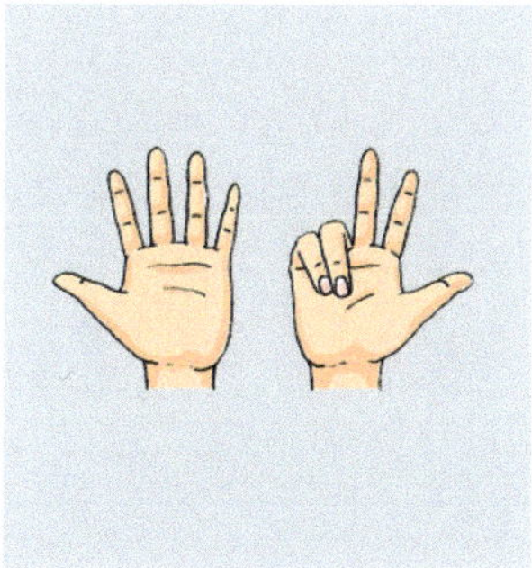

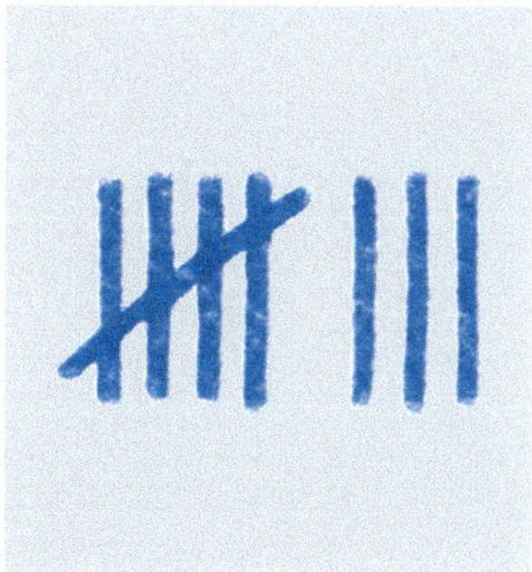

1 Spure nach und schreibe die Zahl.

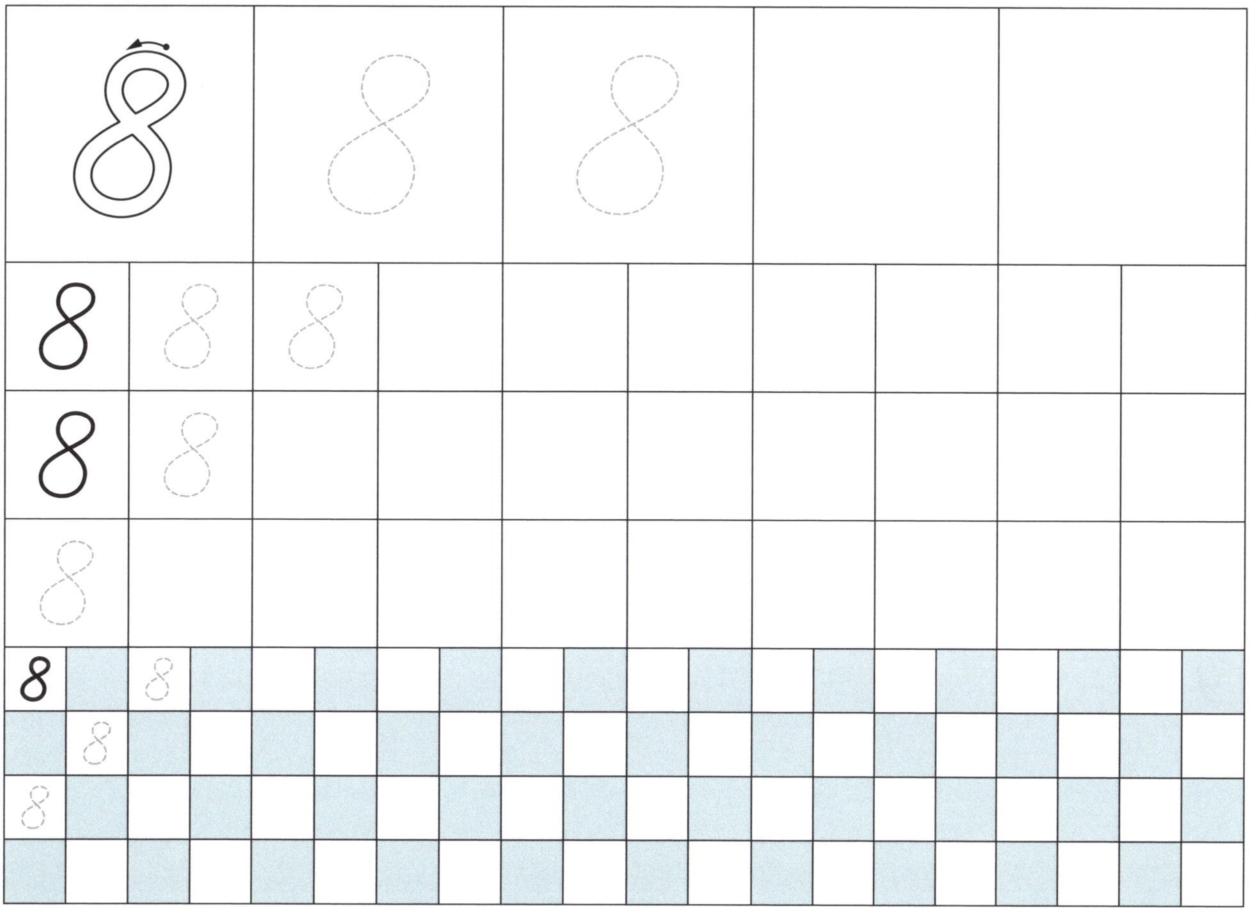

2 Passen alle Bilder? Streiche durch.

Fredo 1 Mathematik – Arbeitsheft © 2015 Cornelsen Schulverlage GmbH, Berlin

Ziffernschreibkurs: neun

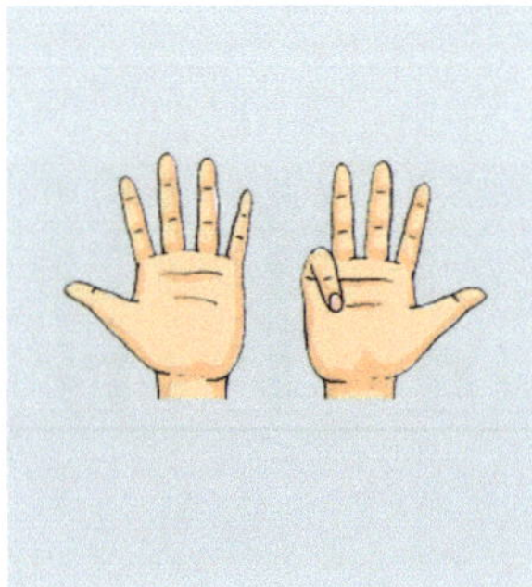
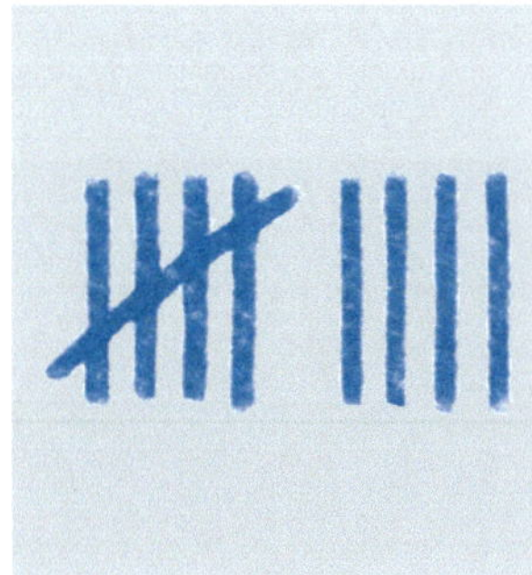

1 Spure nach und schreibe die Zahl.

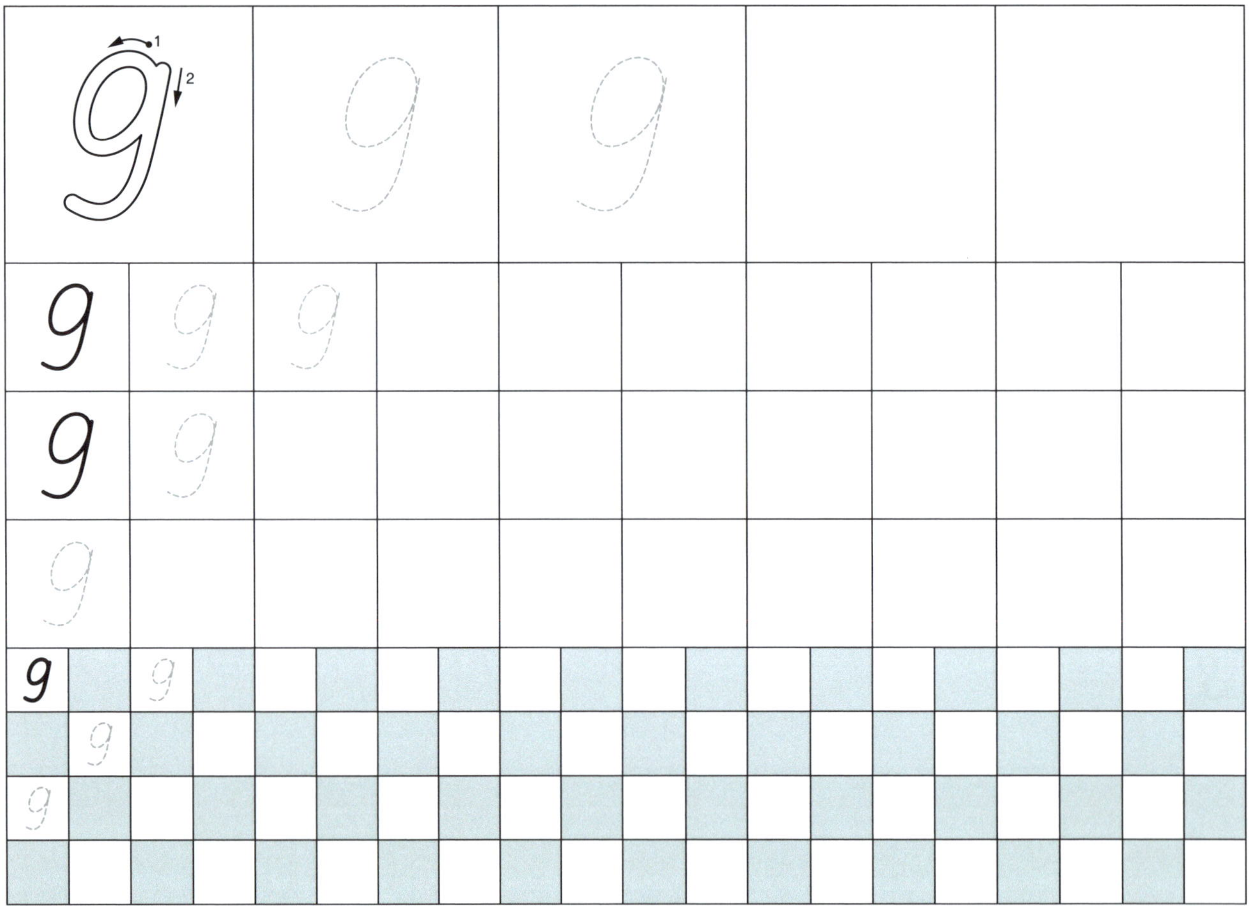

2 Passen alle Bilder? Streiche durch.

Fredo 1 Mathematik – Arbeitsheft © 2015 Cornelsen Schulverlage GmbH, Berlin

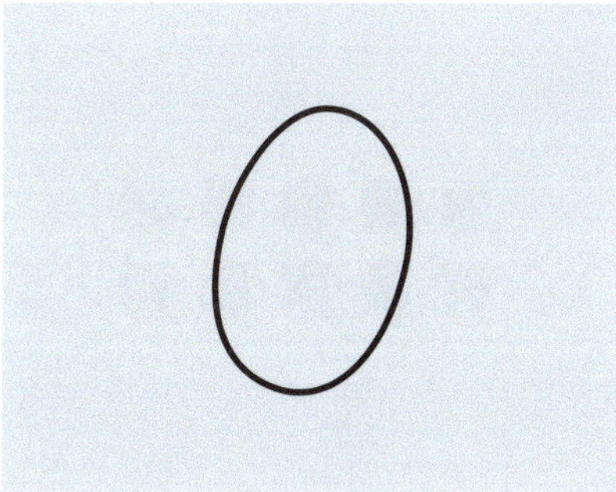

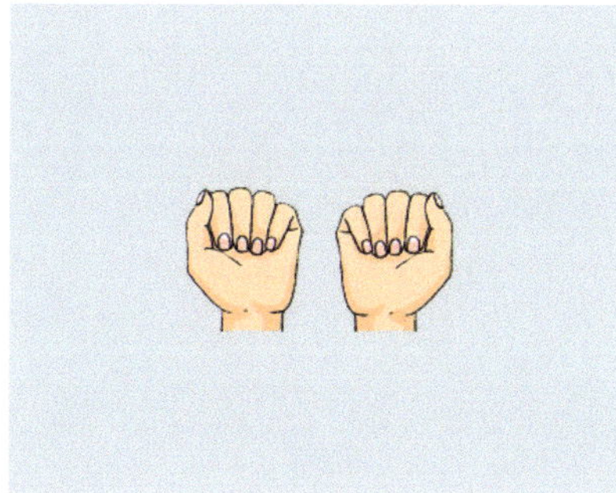

1 Spure nach und schreibe die Zahl.

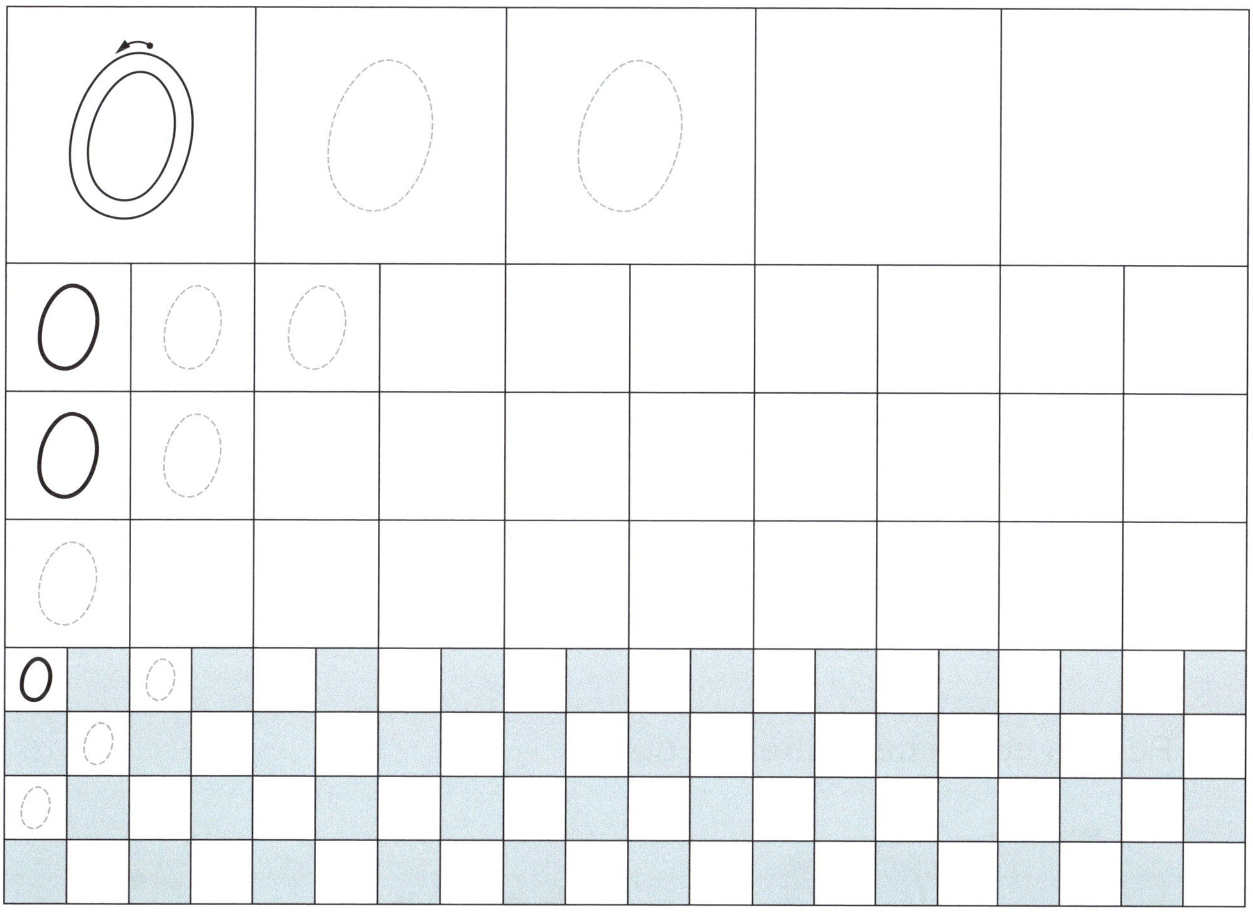

2 Passen alle Bilder? Streiche durch.

Fredo 1 Mathematik – Arbeitsheft © 2015 Cornelsen Schulverlage GmbH, Berlin

10

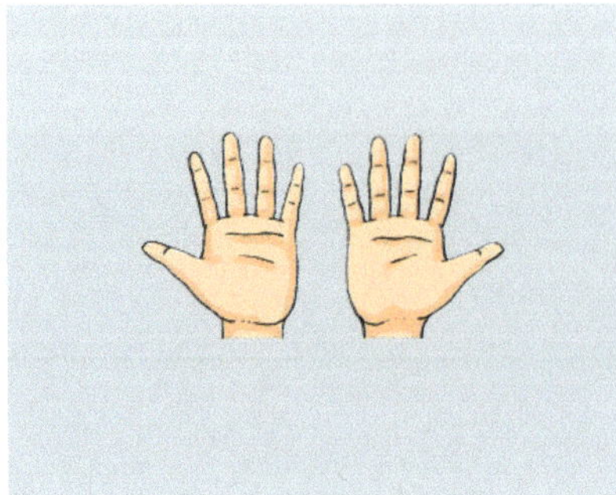

1 Spure nach und schreibe die Zahl.

2 Passen alle Bilder? Streiche durch.

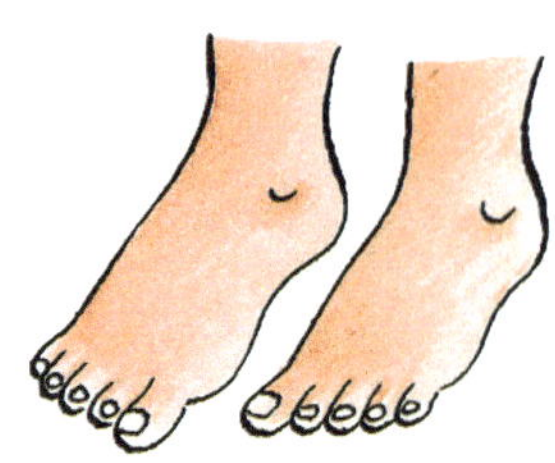

Fredo 1 Mathematik – Arbeitsheft © 2015 Cornelsen Schulverlage GmbH, Berlin

Fredo 1 Mathematik – Arbeitsheft © 2015 Cornelsen Schulverlage GmbH, Berlin